Progress in Mathematics
Vol. 54

Edited by
J. Coates and
S. Helgason

Birkhäuser
Boston · Basel · Stuttgart

Module Des Fibrés Stables Sur Les Courbes Algébriques

Notes de l'Ecole Normale Supérieure, Printemps, 1983

Jean-Louis Verdier
Joseph Le Potier
editors

1985

Birkhäuser
Boston · Basel · Stuttgart

Editors:
Jean-Louis Verdier
Centre de Mathématiques
Ecole Normale Supérieure
45, rue d'Ulm
F–75230 Paris Cedex 05 (France)

Joseph Le Potier
Université Paris 7
2, Place Jussieu
F–75251 Paris Cedex 05 (France)

Library of Congress Cataloging in Publication Data

E.N.S. Seminar (1983 : Paris, France)
Module des fibrés stables sur les courbes algébriques.
(Progress in mathematics ; vol. 54)
Bibliography: p.
1. Riemann surfaces -- Addresses, essays, lectures.
2. Modules (Algebra) -- Addresses, essays, lectures.
3. Fiber spaces (Mathematics) -- Addresses, essays, lectures. 4. Homology theory -- Addresses, essays, lectures. 5. Curves, Algebraic -- Addresses, essays, lectures. I. Verdier, Jean Louis. II. Le Potier, Joseph, 1944– . III. Ecole normale supérieure (France) IV. Title. V. Series: Progress in mathematics (Boston, Mass.) ; vol. 54.
QA333.E15 1983 515'.223 84–24543
ISBN 0–8176–3286–7

CIP-Kurztitelaufnahme der Deutschen Bibliothek

Module des fibres stables sur les courbes algébriques : notes de l'Ecole Normale Supérieure, printemps 1983 / Jean-Louis Verdier ; Joseph LePotier ed. – Boston ; Basel ; Stuttgart ; Birkhäuser, 1984.
(Progress in mathematics ; Vol. 54)
ISBN 3–7643–3286–7 (Stuttgart . . .)
ISBN 0–8176–3286–7 (Boston . . .)
NE: Verdier, Jean-Louis [Hrsg.]; Ecole Normale Supérieure ⟨Paris⟩; GT

Printed in Germany
ISBN 0-8176-3286-7
ISBN 3-7643-3286-7

9 8 7 6 5 4 3 2 1

TABLE DES MATIERES

Ce texte est la rédaction de conférences données à l'E.N.S. au printemps 1983 . Le thème abordé est le calcul de la cohomologie entière de l'espace de modules $N(r,d)$ des fibrés vectoriels holomorphes de rang r, de degré d, stables, sur une surface de Riemann compacte X, d'après l'article d'Atiyah et Bott " The Yang-Mills equations over Riemann Surfaces " (Phil. Trans. R. Soc. Lond. A 308, 523-615 (1982)).

D'abord entrepris par Newstead en 1967, ce calcul a été étendu aux fibrés de rang quelconque par Atiyah et Bott . Bien que dans leur présentation l'aspect " théorie de Morse " joue un rôle important, nous n'avons retenu ici que la stratification qui lui est associée, dite aussi stratification de Shatz, et qui , au travers des suites exactes de Gysin correspondantes, suffit pour le calcul de la cohomologie.

L'exposé 1 donne une présentation de l'espace de modules $N(r,d)$ comme quotient d'un ouvert d'un espace affine de dimension infinie (l'espace des opérateurs d" de Dolbeault sur un fibré vectoriel fixé E_0 de rang r, de degré d) par l'action d'un groupe de Lie de dimension infinie apparenté au groupe de jauge . Atiyah et Bott introduisent pour ceci les espaces de Sobolev, mais nous avons préféré les espaces de Banach de formes différentielles de classe non entière, avec lesquels nous sommes plus familiers. Le calcul de la cohomologie entière de $N(2,1)$ pose moins de difficultés techniques que dans le cas où r est quelconque, et nous exposons le principe de la méthode dans ce cadre .

Pour r et d premiers entr'eux, Mumford et Seshadri ont construit une structure de variété projective sur $N(r,d)$. Cette construction est rappelée dans l'exposé 2 par J. Oesterlé . Elle nécessite une présentation de $N(r,d)$ comme quotient d'un ouvert du schéma de Grothendieck $Q = \mathrm{Quot}^P(\mathcal{O}_X{}^N)$ des faisceaux de $\mathcal{O}_X$- modules cohérents, quotients du faisceau trivial $\mathcal{O}_X{}^N$, de polynôme de Hilbert P, par l'action du groupe $SL(N,\mathbb{C})$, avec N convenablement choisi . Il faut alors comparer la stabilité au sens de Mumford pour l'action du groupe $SL(N,\mathbb{C})$, et la stabilité des faisceaux F_q correspondant aux points $q \in Q$.

Dans l'exposé 3, J.M. Drezet donne le calcul de la série de Poincaré pour le classifiant BG du groupe G des automorphismes d'un fibré vectoriel topologique E de rang r, de degré d, sur la surface de Riemann X, et démontre l'absence de torsion dans la cohomologie entière de BG . Cet exposé suit d'assez près le texte d'Atiyah et Bott, avec cependant des détails supplémentaires en ce qui concerne notamment le théorème de Thom et la notion de "type d'homotopie rationnel" .

A. Bruguières décrit dans l'exposé 4 la stratification de Shatz pour une famille $E \to S \times X$ de fibrés vectoriels algébriques sur la surface de Riemann X , paramétrée par une variété algébrique lisse S, et donne les conditions qu'on doit imposer à cette famille pour être sûr que les strates obtenues soient lisses. La présentation adoptée est inspirée de Shatz, et repose essentiellement sur le fait que le schéma de Grothendieck relatif

$$\mathrm{Quot}^P(E) \to S$$

est S-propre .

Dans l'exposé 5, O. Debarre utilise cette stratification, étendue au cas où S est de dimension infinie, pour montrer que N(r,d) n'a pas de torsion dans sa cohomologie entière si r et d sont premiers entr'eux . Il entreprend en outre le calcul du polynôme de Poincaré de N(r,d) . Comme dans l'article d'Atiyah et Bott, il s'agit seulement d'une méthode permettant en principe d'obtenir par récurrence sur le rang le polynôme de Poincaré . En rang 2, il n'est pas difficile de donner une formule explicite, mais le calcul en rang 3, que Debarre a mené à son terme, montre que les choses deviennent vite très complexes.

J. Le Potier
J.L Verdier

Exposé n°1

VARIETE DE MODULES DE FIBRES STABLES SUR UNE SURFACE DE RIEMANN : RESULTATS D'ATIYAH ET BOTT

J. LE POTIER

INTRODUCTION

Soit $N(r,d)$ la variété des classes d'isomorphisme de fibrés vectoriels holomorphes stables de rang r, de degré d, sur une surface de Riemann compacte M de genre g . Le calcul de la cohomologie entière de $N(r,d)$ a été entrepris en 1967 par P. Newstead dans un article paru dans Topology [5] pour le cas $r=2$, $d=1$. P. Newstead y donne essentiellement une formule de récurrence sur le genre g de M permettant le calcul des nombres de Betti . Il démontre en outre pour tout $p \neq 2$ l'absence de p-torsion dans la cohomologie entière . La démonstration utilise explicitement le résultat de Narasimhan et Seshadri qui permet de présenter les fibrés stables sur M comme images directes de fibrés vectoriels associés à certaines représentations unitaires irréductibles du groupe de Poincaré d'un revêtement ramifié de M .

L'article d'Atiyah et Bott [1] propose d'aborder le calcul par une voie beaucoup plus directe . On observe d'abord que la variété $N(r,d)$ peut se décrire comme quotient d'un ouvert $\mathcal{C}_s$ d'un espace affine $\mathcal{C}$ modelé sur un espace de Banach (c'est l'espace affine des opérateurs de Dolbeault , cf. § 1) par l'action propre et libre d'un groupe de Lie banachique $\overline{G}$. Ainsi, la cohomologie de $N(r,d)$ s'identifie à la cohomologie équivariante

$$H^\bullet(N(r,d)) \simeq H^\bullet_{\overline{G}}(\mathcal{C}_s)$$

L'action de $\overline{G}$ se prolonge en fait à $\mathcal{C}$, mais en dehors de $\mathcal{C}_s$, l'action ne reste pas libre. Cependant, on peut stratifier $\mathcal{C}$ suivant en quelque sorte la "grosseur" du stabilisateur : il s'agit de façon précise de la stratification de Shatz (cf. exposé 4). Ceci permet de vérifier que le morphisme de restriction

$$H^\bullet_{\overline{G}}(\mathcal{C}) \longrightarrow H^\bullet_{\overline{G}}(\mathcal{C}_s)$$

est un épimorphisme qui se scinde, et d'en déterminer son noyau en faisant intervenir la cohomologie des strates. L'espace $\mathcal{C}$ étant contractile, le calcul de la cohomologie équivariante de $\mathcal{C}$ se ramène à celui de la cohomologie du classifiant $B\overline{G}$ de $\overline{G}$:

$$H^\bullet_{\overline{G}}(\mathcal{C}) \simeq H^\bullet(B\overline{G})$$

Les résultats obtenus sont les suivants :

THÉORÈME 1. Pour r et d premiers entr'eux, la cohomologie entière $H^\bullet(N(r,d),\mathbb{Z})$ n'a pas de torsion.

THÉORÈME 2. Soient b_i les nombres de Betti de $N = N(2,1)$. Le polynôme d'Euler-Poincaré $P(t) = \sum_i b_i t^i$ de $N = N(2,1)$ est donné par

$$P(t) = (1+t)^{2g} \frac{(1+t^3)^{2g} - t^{2g}(1+t)^{2g}}{(1-t^2)(1-t^4)}$$

Atiyah et Bott proposent en outre un procédé de récurrence sur le rang r qui devrait théoriquement permettre de calculer le polynôme d'Euler-Poincaré de N dans le cas où r est quelconque et où r et d sont premiers entr'eux (cas où N(r,d) est une variété compacte .)

1. LA VARIÉTÉ N(r,d)

1.1 Opérateurs de Dolbeault .

Soit ν un réel, $1 < \nu < 2$. Une fonction $f : U \to \mathbb{C}$ définie sur un ouvert U de $\mathbb{C}$ est dite de classe C^{ν} si f est de classe C^1, et si les dérivées partielles $\frac{\partial f}{\partial z}$ et $\frac{\partial f}{\partial \bar{z}}$ satisfont sur chaque compact $K \subset U$ à une condition de Lipchitz d'ordre $\nu - 1$:

$$\left| \frac{\partial f}{\partial z}(z) - \frac{\partial f}{\partial \bar{z}}(z') \right| \leq C^{te} |z - z'|^{\nu - 1}$$

et la même chose pour $\frac{\partial f}{\partial \bar{z}}$.

On définit de manière évidente la notion de fibré vectoriel complexe de classe C^{ν} , sur une surface de Riemann compacte M de genre g, en demandant que les changements de cartes locales soient de classe C^{ν} . Comme dans le cas des fibrés vectoriels topologiques, ils sont classés à isomorphisme près par les couples (r,d) , où r désigne le rang, et d le degré .

Dans toute la suite, on se fixe un fibré vectoriel E_o de classe C^ν, de rang r , de degré d ; on désigne par $G = \mathrm{Aut}\, E_o$ le groupe des automorphismes de classe C^ν de E_o , dit aussi groupe de jauge .

Considérons le foncteur $\underline{\underline{\mathcal{C}}}$ qui à la variété analytique complexe S , éventuellement banachique associe l'ensemble des classes d'isomorphisme de couples (E,u) , où E est un fibré vectoriel holomorphe sur $S \times M$, et u un isomorphisme de classe C^ν , holomorphe par rapport à S :

$$u : E \simeq S \times E_o$$

PROPOSITION (1.1) . <u>Le foncteur $\underline{\underline{\mathcal{C}}}$ est représentable par un espace affine $\mathcal{C}$ modelé sur un espace de Banach</u> .

<u>Démonstration.</u> Soient $C^\nu(E_o)$ l'espace vectoriel des sections de classe C^ν de E_o , $A^{o,1}(E_o)$ l'espace vectoriel des formes différentielles de type (o,1) à valeurs dans E_o , lipchitziennes d'ordre $\nu-1$. Considérons un recouvrement fini de M par des ouverts $(U_i)_{i=1,\dots,m}$ de cartes locales au-dessus desquels E_o est trivial ; soient

$$\tau_i : E_o|_{U_i} \simeq U_i \times \mathbf{C}^r$$

des trivialisations de classe C^ν, et $(K_i)_{i=1,\dots,m}$ une famille de compacts tels que $K_i \subset U_i$ et dont les intérieurs recouvrent M . A ces données on associe trivialement des normes sur les espaces vectoriels $C^\nu(E_o)$ et $A^{o,1}(E_o)$ qui font de ces espaces des espaces de Banach . Quand on change ces données, les normes obtenues sont remplacées par des normes équivalentes.

Soit $\mathcal{C} = \mathcal{C}(E_o)$ l'espace affine des opérateurs $\mathbb{C}$-linéaires $d'' : C^{\nu}(E_o) \to A^{o,1}(E_o)$ qui satisfont à la condition suivante :

$$d''(\alpha f) = d''\alpha \; f + \alpha \; d''f$$

pour $\alpha \in C^{\nu}(M)$, $f \in C^{\nu}(E_o)$. Ces opérateurs différentiels seront appelés opérateurs de Dolbeault. L'espace $\mathcal{C}$ est un espace affine modelé sur l'espace vectoriel $A^{o,1}(\underline{\mathrm{End}}(E_o))$ des formes différentielles lipchitziennes d'ordre $\nu-1$, lequel est muni comme ci-dessus d'une structure d'espace de Banach.

Au couple (E,u), on associe pour tout $s \in S$ un opérateur de Dolbeault $d''(s)$ sur E_o tel que si f est une section holomorphe locale de $E(s)$ au-dessus de l'ouvert $U \subset M$, $d''(s)\, u\,(f) = 0$. On obtient ainsi une application $S \to \mathcal{C}$ qui est $\mathbb{C}$-analytique ([4], lemme 5). Ceci définit une application

$$\underline{\underline{\mathcal{C}}}(S) \longrightarrow \mathrm{Mor}(S, \mathcal{C})$$

de $\underline{\underline{\mathcal{C}}}(S)$ dans l'espace $\mathrm{Mor}(S, \mathcal{C})$ des applications analytiques de S dans $\mathcal{C}$. Le groupe G opère sur $\underline{\underline{\mathcal{C}}}(S)$; d'autre part, on peut aussi faire opérer G sur $\mathcal{C}$ par la formule

$$(g, d'') \mapsto d'' - (d''g)\, g^{-1}$$

On en déduit une action de G sur $\mathrm{Mor}(S, \mathcal{C})$; pour ces actions, l'application $\underline{\underline{\mathcal{C}}}(S) \to \mathrm{Mor}(S, \mathcal{C})$ définie ci-dessus est équivariante.

La proposition (1.1) découle de l'énoncé suivant, qui est une version à paramètre du classique théorème de Newlander-Nirenberg .

PROPOSITION (1.2) . L'application définie ci-dessus

$$\underline{\underline{\mathcal{C}}}(S) \to \mathrm{Mor}(S, \mathcal{C})$$

est bijective .

Démonstration . Injectivité . Soient (E,u) et (E',u') deux couples induisant le même opérateur $d'' : S \to \mathcal{C}$:

$$\begin{array}{ccc} E & & \\ & \overset{u}{\searrow} & \\ & & S \times E_o \\ & \underset{u'}{\nearrow} & \\ E' & & \end{array}$$

Le morphisme $u'^{-1}u$ est un isomorphisme de classe C^{ν} , analytique par rapport à S et par rapport à M , donc analytique . Par suite (E,u) et (E',u') sont isomorphes .

Surjectivité. Soit $d'' \in \mathrm{Mor}(S, \mathcal{C})$. Considérons pour chaque point $s \in S$, l'opérateur $d''(s)$. Le faisceau $F_{d''}$ sur $S \times M$ des sections locales f de $pr_2^*(E_o)$, holomorphes par rapport à S, et telles que $d''(s)(f(s)) = 0$ est un faisceau de $\mathcal{O}_{S \times M}$-modules . Il suffit de prouver que ce faisceau est localement libre de rang r . La question est donc locale sur $S \times M$.

On peut donc supposer que $M = \mathbb{P}_1(\mathbb{C})$, et que E_o est le fibré trivial $E_o = \mathbb{P}_1 \times \mathbb{C}^r$.

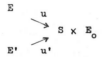

LEMME (1.3) . Soit $d'' \in \mathcal{C}(E_o)$ l'opérateur de Dolbeault correspondant à la structure holomorphe triviale sur $E_o = \mathbb{P}_1 \times \mathbb{C}^r$. Alors l'orbite Ω de d'' est un ouvert de $\mathcal{C}$, et l'application $G \to \Omega \ : g \mapsto d'' - (d''g)\, g^{-1}$ a des sections holomorphes locales .

Démonstration . Le groupe G est le groupe des éléments inversibles de l'algèbre de Banach $C^{\nu}(\underline{\mathrm{End}}(E_o))$ des endomorphismes de classe C^{ν} de E_o ; il opère analytiquement sur $\mathcal{C}$. On peut donc se placer au voisinage de d'' . Au signe près , l'application $G \to \mathcal{C} \ : \ g \mapsto d'' - (d''g)\, g^{-1}$ a pour dérivée l'opérateur de Dolbeault correspondant au fibré des endomorphismes $\underline{\mathrm{End}}(E_o) = \mathbb{P}_1 \times \mathrm{End}(\mathbb{C}^r)$, muni de la structure holomorphe triviale :

$$C^{\nu}(\underline{\mathrm{End}}(E_o)) \longrightarrow A^{o,1}(\underline{\mathrm{End}}(E_o))$$

Or, ν étant choisi non entier , ce complexe est quasi-isomorphe au complexe de Dolbeault ordinaire des formes de classes C^{∞} ([4] , lemme 4) . En particulier , il a pour conoyau $H^1(\mathbb{P}_1 , \underline{\mathrm{End}}(E_o)) = 0$. Son noyau est de dimension finie r^2 , donc facteur direct . On peut donc appliquer le théorème de submersion banachique , ce qui donne le lemme (1.3).

Fin de la démonstration de la proposition (1.2) .

On se place dans le cas $M = \mathbb{P}_1$, $E_o = \mathbb{P}_1 \times \mathbb{C}^r$. Soit $s \mapsto d''(s)$: $S \to \mathcal{C}$ une application analytique ; on écrit

$$d''(s) = d'' + \omega(s)$$

Supposons d'abord $\|\omega(s)\| < \varepsilon$, avec ε assez petit . D'après le lemme (1.3) , si $S' \subset S$ est un ouvert assez petit, on peut écrire sur S'

$$(d'' g(s))\, g(s)^{-1} = -\omega(s)$$

où $g : s \mapsto g(s) : S' \to G$ est analytique . L'application g fournit alors un isomorphisme de faisceau sur $S' \times \mathbb{P}_1$

$$F_{d''} \simeq F_{d''+\omega}$$

Supposons maintenant ω quelconque . Quitte à diminuer S , on peut supposer que $\|\omega(s)\|$ est borné . Considérons l'homothéthie h_t de centre 0 et de rapport réel $0 < t < 1$; soit χ une fonction de classe C^∞ qui vaut 1 sur le disque

$$D(1) = \{ z \in \mathbb{C} \ , |z| \leq 1 \}$$

et nulle en dehors du disque D(2) de centre 0 et de rayon 2 . On a alors

$$\| \chi \ h_t^* \omega \| \leq t K \|\omega\|$$

où K est une constante qui ne dépend que de χ . Choisissons t de sorte que $t K \|\omega\| < \varepsilon$. Il existe sur un ouvert S' assez petit une application analytique $g : S' \to G$ telle que

$$(d'' g(s))\, g(s)^{-1} = -\chi\, h_t^* \omega (s)$$

Posons $g_1(s) = h_{\frac{1}{t}}^*(g(s))$. Sur le disque D(t) de centre 0 et de rayon t, on a alors

$$(d'' g_1(s))\, g_1(s)^{-1} = -\omega(s)$$

Par suite, le faisceau $F_{d''+\omega}$ est localement libre de rang r .

COROLLAIRE (1.4) . L'ensemble des classes d'isomorphisme de fibrés vectoriels holomorphes de rang r, de degré d est isomorphe à l'espace des orbites

$$\mathcal{C}/_G$$

Cet espace topologique quotient n'est pas une variété . Considérons par exemple le cas $M = \mathbb{P}_1$, $d = 0$, $r > 1$. Le point défini par le fibré holomorphe trivial a une orbite ouverte d'après le lemme (1.3) . Puisque $\mathcal{C}$ est connexe , et qu'il existe des fibrés vectoriels holomorphes de rang r, de degré 0 non triviaux , cette orbite n'est pas fermée . Ainsi, le point défini par cette orbite dans le quotient $\mathcal{C}/_G$ n'est pas fermé .

1.2 Fibrés stables et semi-stables

Soit E un fibré vectoriel holomorphe de rang r, de degré d sur une surface de Riemann compacte M de genre g . On appelle pente de E le rationnel

$$\mu(E) = \frac{d}{r}$$

DÉFINITION. Un fibré vectoriel holomorphe E est dit stable (resp. semi-stable) si pour tout sous-fibré vectoriel holomorphe $F \subset E$, $F \neq 0$, on a

$$\mu(F) < \mu(E) \qquad (\text{resp. } \mu(F) \leq \mu(E))$$

Les propriétés suivantes des fibrés stables et semi-stables seront développées dans les exposés 2 et 4 .

1. Soient E et E' deux fibrés stables de même pente . Alors tout morphisme non nul $f : E \to E'$ est un isomorphisme .

Il en résulte en particulier que $\mathrm{Hom}(E,E) = \mathbb{C}$.

2. Soit S une variété analytique (éventuellement banachique) , et $E \to S \times M$ un fibré vectoriel holomorphe . L'ensemble des points $s \in S$ tels que le fibré E(s) soit stable (resp. semi-stable) est un ouvert . En particulier , l'ensemble $\mathcal{C}_s$ (resp. $\mathcal{C}_{ss}$) des opérateurs de Dolbeault $d'' \in \mathcal{C}$ tels que le fibré vectoriel holomorphe associé $E = (E_o , d'')$ soit stable (resp. semi-stable) est un ouvert , invariant par l'action du groupe de jauge G . L'action de G sur $\mathcal{C}_s$ se quotiente en fait par $\bar{G} = G/\mathbb{C}^*$ et l'action obtenue est libre d'après la propriété 1 . En fait, on a plus précisément :

PROPOSITION (1.5) <u>L'action de $\bar{G}$ sur $\mathcal{C}_s$ est libre et propre</u> .

Ceci signifie que l'application graphe $\bar{G} \times \mathcal{C}_s \to \mathcal{C}_s \times \mathcal{C}_s$ est un difféomorphisme sur une sous-variété fermée (ici de codimension finie). Il en résulte que le quotient $\mathcal{C}_s/\bar{G}$ peut être muni d'une structure de variété N(r,d) , dont l'espace tangent au point défini par $E = (E_o, d'')$ s'identifie au conoyau de l'opérateur d''

$$C^{\infty}(\underline{\mathrm{End}}\ (E_o)) \to A^{o,1}(\underline{\mathrm{End}}\ (E_o))$$

associé au fibré des endomorphismes $\underline{\mathrm{End}}(E)$, c'est-à-dire $H^1(M, \underline{\mathrm{End}}(E))$. Il résulte du théorème de Riemann-Roch que $\dim N(r,d) = r^2(g-1) + 1$. Ensemblistement, N(r,d) est l'ensemble des classes d'isomorphisme de fibrés stables de rang r , de degré d sur M .

Considérons le foncteur $\underline{\underline{N}}(r,d)$ qui à la variété analytique S associe l'ensemble $\underline{\underline{N}}(r,d)(S)$ des classes d'isomorphisme de fibrés vectoriels holomorphes E sur $S \times M$ tels que pour tout $s \in S$, $E(s)$ soit stable de rang r, de degré d . On a alors un morphisme fonctoriel

$$\underline{\underline{N}}(r,d)(S) \to \mathrm{Mor}(S, N(r,d))$$

PROPOSITION (1.6) *Le morphisme fonctoriel ci-dessus fait de* $N(r,d)$ *un espace de modules grossier pour le foncteur* $\underline{\underline{N}}(r,d)$.

Ceci signifie que pour toute variété N' et tout morphisme fonctoriel $\underline{\underline{N}}(r,d)(S) \to \mathrm{Mor}(S,N')$ il existe un unique morphisme $N(r,d) \to N'$ rendant commutatif le diagramme

$$\begin{array}{ccc} & \nearrow & \mathrm{Mor}\ (S,N(r,d)) \\ \underline{\underline{N}}(r,d)(S) & & \downarrow \\ & \searrow & \mathrm{Mor}\ (S,N') \end{array}$$

Cette propriété caractérise la variété $N(r,d)$. Il existe d'autres manières de la construire ; la méthode de Mumford et Seshadri, qui sera décrite dans l'exposé 2 , permet d'obtenir sur $N(r,d)$ une structure quasi-projective . Plus précisément, la méthode de Mumford et Seshadri permet de construire pour le foncteur $S \mapsto \underline{\underline{N}}_{ss}(r,d)(S)$ des classes d'isomorphisme de fibrés vectoriels E sur $S \times M$ tels que pour tout $s \in S$ $E(s)$ soit semi-stable de rang r, de degré d , une variété algébrique $N_{ss}(r,d)$, non lisse en général, et un morphisme fonctoriel en S

$$\underline{\underline{N}}_{ss}(r,d)(S) \to \mathrm{Mor}(S,N_{ss}(r,d))$$

qui fait de $N_{ss}(r,d)$ un espace de modules grossier au sens précédent . Cependant, l'application

$$\underline{\underline{N}}(r,d)(.) \longrightarrow N_{ss}(r,d)$$

n'est plus bijective : deux fibrés semi-stables de rang r, de degré d, E et F ont même image dans $N_{ss}(r,d)$ si et seulement si pour une filtration de Jordan-Hölder sur E et sur F , on a $gr(E) \simeq gr(F)$ (cf. exposé 2).

Dans le cas où r et d sont premiers entr'eux , il n'y a pas de différence entre stable et semi-stable . C'est la situation idéale :

THÉORÈME (1.7) On suppose r et d premiers entr'eux . Alors

(1) la variété N(r,d) est projective

(2) la variété N(r,d) représente le foncteur $S \mapsto \underline{\underline{N}}(r,d)(S)/_{Pic(S)}$ quotient de $\underline{\underline{N}}(r,d)(S)$ par la relation d'équivalence qui identifie les fibrés E et F sur $S \times M$ s'il existe un fibré vectoriel holomorphe L de rang un sur S tel que $E \simeq F \otimes pr_1^*(L)$.

La partie (1) est due à Mumford et Seshadri ; la partie (2) est due à Mumford et Newstead . Elle signifie que sur le produit $N(r,d) \times M$ on peut construire un fibré universel U , c'est-à-dire un fibré vectoriel holomorphe tel que pour tout $t \in N(r,d)$, U(t) soit stable de rang r , de degré d , et de classe d'isomorphisme t .

2. PRINCIPE DU CALCUL DE LA COHOMOLOGIE DE N(r,d)

Dans ce paragraphe, on se contente de donner le principe de la démonstration dans le cas $r = 2$, $d = 1$; le cas général sera développé dans l'exposé 5 . Certains énoncés restent vrais sans modification pour r quelconque .

2.1 Cohomologie équivariante .

Soit B un espace topologique . Un recouvrement ouvert $\mathcal{U}$ de B est dit admissible s'il existe une partition de l'unité localement finie subordonnée à $\mathcal{U}$. Si B est paracompact, tout recouvrement ouvert est admissible. Soit G un groupe topologique. Un G-fibré principal au-dessus de B est constitué des données suivantes

a) un espace topologique X , dit espace total, sur lequel le groupe G opère librement et proprement ;

b) un morphisme G-équivariant $f : X \to B$, induisant un isomorphisme $X/_G \simeq B$. Ces données doivent satisfaire à la condition suivante : il existe un recouvrement ouvert admissible $\mathcal{U} = (U_i)_{i \in I}$ de B tel que f ait des sections locales sur U_i .

Il existe un G-fibré principal $EG \to BG$ satisfaisant à la propriété universelle suivante : pour tout G-fibré principal $X \to B$, il existe un morphisme, unique à homotopie près

$$u : B \to BG$$

tel que l'image réciproque de $EG \to BG$ par u soit isomorphe à $X \to B$. A homotopie près, le fibré principal $EG \to BG$ est caractérisé par cette propriété , et s'appelle le classifiant de G . L'espace total EG est contractile ; réciproquement, tout fibré principal $X \to B$ dont l'espace total X est contractile est un classifiant pour G (cf. Dold [2]) .

Supposons que le groupe G opère continument sur un espace topologique X par une action qui n'est pas obligatoirement libre . On définit alors le fibré associé de fibre X au-dessus de BG

$$X_G = EG \times_G X$$

en faisant agir G sur $EG \times X$ par la formule

$$g\,(e,x) = (e\,g\,,\,g^{-1}x\,)$$

pour $g \in G$, $(e,x) \in EG \times X$, et en considérant l'espace des orbites .

DÉFINITION . On appelle cohomologie G-équivariante de X , la cohomologie $H(X_G)$ de l'espace X_G ; elle sera notée $H_G(X)$; elle est munie d'une structure d'algèbre par cup-produit .

PROPOSITION (2.1) _Si le groupe_ G _opère librement et proprement sur_ X , _et si_ $X \to X/_G$ _a des sections locales , on a_

$$H(X_G) \simeq H(X/_G)$$

Démonstration. On a une fibration

$$EG \to X_G \to X/_G$$

dont la fibre EG est contractile . Par suite, X_G et $X/_G$ ont même cohomologie .

Soit N un G-fibré vectoriel réel orienté de rang r au-dessus de X , ie muni d'une action de G compatible avec l'action de G sur X, et conservant l'orientation des fibres. Par image réciproque par pr_2, on obtient encore un G-fibré vectoriel orienté sur $EG \times X$, et puisque l'action de G sur $EG \times X$ est propre et libre , ceci donne sur $N_G = pr_2^*(N)/_G$ une structure de fibré vectoriel orienté au-dessus de X_G . Ceci permet de définir la classe d'Euler équivariante $e(N) \in H^r_G(X)$.

Si N est un G-fibré vectoriel complexe sur X, on définit de même les classes de Chern en cohomologie équivariante .

Soient X une variété, éventuellement banachique , sur laquelle le groupe G opère différentiablement , Y une sous-variété fermée G-invariante de codimension r, transversalement orientée . On peut définir en cohomologie équivariante l'isomorphisme de Thom

$$H^i_G(Y) \simeq H^{i+r}_G(X,X-Y)$$

En particulier, on a en cohomologie équivariante la suite exacte de Gysin

$$\dots \to H^i_G(Y) \xrightarrow{j_*} H^{i+r}_G(X) \longrightarrow H^{i+r}_G(X-Y) \to \dots$$

La classe $j_*(1) \in H^r_G(X)$ est la classe fondamentale de Y en cohomologie équivariante , et est notée $[Y]$. Le morphisme composé

$$\begin{array}{ccc} H^i_G(Y) & \xrightarrow{j_*} & H^{i+r}_G(X) \\ & & \downarrow \\ & & H^{i+r}_G(Y) \end{array}$$

est le cup-produit par la classe d'Euler équivariante $e(N_Y) \in H^r_G(Y)$ du fibré normal N_Y de Y dans X .

Supposons que $H^i_G(X)$ soit de type fini , et que la multiplication par $e(N_Y)$ soit injective : on dira alors que la sous-variété $Y \subset X$ est parfaite pour l'action de G . On considère la série de Poincaré

$$P_G(X) = \sum_i t^i \ \mathrm{rg}\, H^i_G(X)$$

où $\mathrm{rg}\, H^i_G(X)$ désigne le rang . Les séries de Poincaré ont alors un sens pour Y et $X - Y$, et on a

$$P_G(X) = t^r P_G(Y) + P_G(X-Y)$$

<u>Exemple</u> . Pour l'action de $G = GL(r,\mathbb{C})$, $\{0\} \subset \mathbb{C}^r$ est une sous-variété parfaite . En effet, le fibré $(\mathbb{C}^r)_G \to BG$ s'identifie dans ce cas au fibré vectoriel universel U de classes de Chern c_1 , ..., c_r . On a

$$H_G(\{0\}) = H(BG) = \mathbb{Z}\,[c_1,\ldots,c_r]$$

et la classe d'Euler équivariante du fibré normal est la classe de Chern c_r ; le cup-produit par c_r dans $H(BG)$ étant injectif , ceci donne le résultat .

2.2 Stratification de Shatz (cas r = 2)

On se limite dans ce qui suit au cas r=2 . Reprenons les notations du § 1 : soient E_o un fibré vectoriel de rang 2 , de degré d , de classe C^∞ , $\mathcal{C} = \mathcal{C}(E_o)$ l'espace affine des opérateurs de Dolbeault , sur lequel opère le groupe G = Aut(E_o) des automorphismes de classe C^∞.

Soit μ un entier tel que $2\mu > d$. On dit qu'un fibré vectoriel holomorphe E de rang 2 de degré d est de type μ s'il contient un sous-fibré holomorphe L' de rang un , de degré μ . Ce sous-fibré L' est alors unique ; on pose $L'' = E/_{L'}$.

On désigne par $\mathcal{C}_\mu$ l'ensemble des opérateurs $d'' \in \mathcal{C}$ tels que le fibré holomorphe associé $E = (E_o, d'')$ soit de type μ . On a alors les résultats suivants, qui seront démontrés et étendus au cas r quelconque dans l'exposé 4 .

PROPOSITION (2.2) (1) La famille $\mathcal{C}_\mu$ est localement finie .

(2) L'ensemble $\mathcal{C}_\mu$ est une sous-variété localement fermée de de codimension finie , dont l'espace normal au point $d'' \in \mathcal{C}_\mu$ est canoniquement isomorphe au groupe de cohomologie associé à $E = (E_o, d'')$

$$H^1(M, \underline{\mathrm{Hom}}(L', L''))$$

(3) On a

$$\overline{\mathcal{C}}_\mu \subset \bigcup_{\lambda \geq \mu} \mathcal{C}_\lambda$$

Ces conditions impliquent que $\mathcal{C}_{[\mu]} = \mathcal{C} - \bigcup_{\lambda > \mu} \mathcal{C}_\lambda$ est un ouvert de et que $\mathcal{C}_\mu$ est une sous-variété fermée de $\mathcal{C}_{[\mu]}$, de codimension

$d_\mu = 2\mu - d + g - 1$. En particulier $\mathcal{C}_{ss}$ est un ouvert de $\mathcal{C}$. Remarquons que si $g \gg 1$, on a $d_\mu > 0$, et par suite, ces conditions entraînent $\mathcal{C}_{ss} \neq \emptyset$: il existe obligatoirement des fibrés semistables de rang 2 de degré d sur la surface de Riemann M .

2.3 Calcul de $H_G(\mathcal{C})$

Puisque $\mathcal{C}$ est contractile, il revient au même de calculer la cohomologie du classifiant BG . Or, on peut donner la description suivante du classifiant du groupe G des automorphismes de E_o (cf. exposé 3)

$$BG \simeq \mathrm{Map}_{E_o}(M, BGL(r,\mathbb{C}))$$

où le second membre désigne dans l'espace des applications continues de M dans $BGL(r,\mathbb{C})$, muni de la topologie compacte ouverte , la composante correspondant au fibré E_o . On peut en déduire la proposition suivante :

PROPOSITION (2.3) (1) La cohomologie entière de BG est sans torsion.

(2) La série de Poincaré de BG est donnée par

$$P(BG) = \frac{(1+t)^{2g}}{1-t^2} \qquad \text{si } r = 1$$

$$P(BG) = \frac{[(1+t)(1+t^3)]^{2g}}{(1-t^2)^2(1-t^4)} \qquad \text{si } r = 2$$

Pour $r > 2$, on peut aussi donner une formule explicite pour la série de Poincaré du classifiant BG (exposé 3).

2.4 Cohomologie de la strate $\mathcal{C}_\mu$ (Cas r=2)

Soit $\mathcal{J}_\mu$ l'espace des sous-fibrés vectoriels de rang un , de classe $C^\vee$ de degré μ de E_o ; c'est une variété analytique de Banach métrisable . On a un morphisme G-équivariant

$$\mathcal{C}_\mu \longrightarrow \mathcal{J}_\mu$$

dont la fibre au-dessus du point L' est la sous-variété $\mathcal{B}_{L'}$ des opérateurs de Dolbeault sur E_o qui laissent invariant L' . L'application $G \to \mathcal{J}_\mu$: $g \mapsto g(L')$ est en fait un fibré principal de groupe structural le sous-groupe $G_{L'}$ de G des automorphismes de classe $C^\vee$ qui laissent invariant L' . Ce sous-groupe est un sous-groupe de Lie qui opère sur $\mathcal{B}_{L'}$, et on a en fait un isomorphisme (analytique)

$$G \times_{G_{L'}} \mathcal{B}_{L'} \simeq \mathcal{C}_\mu$$

autrement dit, $\mathcal{C}_\mu$ est l'espace total du fibré de fibre $\mathcal{B}_{L'}$ associé à ce fibré principal .

Soit $EG \to BG$ le classifiant de G . Le groupe $G_{L'}$ opère librement et proprement sur EG , et le morphisme

$$EG \longrightarrow EG/_{G_{L'}}$$

est un fibré principal de groupe structural $G_{L'}$. C'est donc un classifiant pour $G_{L'}$. Par suite, la cohomologie équivariante de $G_{L'}$ à valeurs dans $\mathcal{B}_{L'}$ est par définition celle de l'espace

$$(\mathcal{B}_{L'})_{G_{L'}} = EG \times_{G_{L'}} \mathcal{B}_{L'}$$

$$\simeq EG \times_G \mathcal{C}_\mu$$

Par suite, l'inclusion $(G_{L'}, \mathcal{B}_{L'}) \to (G, \mathcal{C}_\mu)$ induit un isomorphisme en cohomologie équivariante

$$H_G(\mathcal{C}_\mu) \simeq H_{G_{L'}}(\mathcal{B}_{L'})$$

Soit L" un supplémentaire de L' . On a un morphisme canonique

$$\mathcal{C}(L') \times \mathcal{C}(L'') \to \mathcal{B}_{L'}$$

compatible avec le morphisme de groupes $G' \times G'' \to G_{L'}$, où G' et G" sont les groupes d'automorphismes de classe C^∞ de L' et L" respectivement. Ces morphismes sont des équivalences d'homotopie; par suite, ils induisent un isomorphisme en cohomologie équivariante

$$H_{G_{L'}}(\mathcal{B}_{L'}) \xrightarrow{\sim} H_{G' \times G''}(\mathcal{C}(L') \times \mathcal{C}(L''))$$

L'espace $\mathcal{C}(L')$ est contractile, et $H_{G'}(\mathcal{C}(L')) \simeq H(BG')$ est sans torsion (cf. prop. (2.3)) . On peut donc écrire la formule de Künneth

$$H_{G_{L'}}(\mathcal{B}_{L'}) \simeq H_{G'}(\mathcal{C}(L')) \otimes H_{G''}(\mathcal{C}(L''))$$

et par suite $P_G(\mathcal{C}_\mu) = \dfrac{(1+t)^{4g}}{(1-t^2)^2}$.

2.5 La fibration $(\mathcal{C}_s)_G \to N(r,d)$

Le groupe G opère sur $\mathcal{C}_s$, et en chaque point le stabilisateur est réduit à $\mathbf{C}^*$. Il en résulte que l'on a une fibration

$$(\mathcal{C}_s)_G \to \mathcal{C}_s/_G = N(r,d)$$

dont la fibre est isomorphe à $EG/_{\mathbf{C}^*}$, qui a même type d'homotopie que le classifiant $B\mathbf{C}^*$.

PROPOSITION (2.4) Si r et d sont premiers entr'eux , le morphisme $(\mathbf{C}^*, \cdot\,) \to (G, \mathcal{C}_s)$ défini par le point d" $\in \mathcal{C}_s$:

$$H^2_G(\mathcal{C}_s) \to H^2(B\mathbf{C}^*) = \mathbf{Z}$$
$$\qquad\qquad\qquad\qquad \| $$
$$\qquad\qquad\qquad H^2_{\mathbf{C}^*}(\cdot)$$

est surjectif .

Si on interprète ce morphisme en langage de fibrés vectoriels topologiques de rang un , ceci signifie que pour tout entier $n \in \mathbf{Z}$, il existe un G-fibré vectoriel topologique L de rang un sur $\mathcal{C}_s$ tel que pour tout $\lambda \in \mathbf{C}^*$, l'automorphisme de L associé soit la multiplication par λ^n . L'existence d'un tel fibré est liée à l'existence du fibré universel sur $N(r,d) \times M$ (cf. exposé 5) .

Dans les conditions de la proposition (2.4) , la suite spectrale de la fibration de Cartan-Serre de la fibration $(\mathcal{C}_s)_G \to N(r,d)$ dégénère, et par suite

$$P(N(r,d)) = (1-t^2)\ P_G(\mathcal{C}_s)$$

2.6 Cohomologie de N(2,1)

Considérons la classe d'Euler $e(N(\mathcal{C}_\mu)) \in H_G(\mathcal{C}_\mu)$ du fibré normal de $\mathcal{C}_\mu$ dans $\mathcal{C}_{[\mu]}$. La stratification de Shatz $\mathcal{C}_\mu$ est parfaite au sens suivant:

PROPOSITION (2.5) La multiplication par la classe d'Euler $e(N(\mathcal{C}_\mu))$ est un morphisme injectif, dont l'image est un facteur direct de $H_G(\mathcal{C}_\mu)$.

Il en résulte que l'on a des suites exactes scindées

$$0 \to H^{q-2d_\mu}(\mathcal{C}_\mu) \to H^q(\mathcal{C}_{[\mu]}) \to H^q(\mathcal{C}_{[\mu-1]}) \to 0$$

D'autre part, pour q fixé et μ assez grand, on a $H^q_G(\mathcal{C}) \simeq H^q_G(\mathcal{C}_{[\mu]})$. Puisque r=2 et d=1, on a $\mathcal{C}_s = \mathcal{C}_{ss}$. Il en résulte que $H^q_G(\mathcal{C}_s)$ est facteur direct de $H^q_G(\mathcal{C})$, donc sans torsion d'après la proposition (2.3) , et que

$$P_G(\mathcal{C}) = P_G(\mathcal{C}_s) + \sum_{\mu \geqslant 1} t^{2d_\mu} P_G(\mathcal{C}_\mu)$$

Les paragraphes 2.3 et 2.4 donnent $P_G(\mathcal{C})$ et $P_G(\mathcal{C}_\mu)$. On a donc

$$\frac{\left[(1+t)(1+t^3)\right]^{2g}}{(1-t^2)^2(1-t^4)} = P_G(\mathcal{C}_s) + \sum_{\mu \geqslant 0} \frac{t^{2(2\mu+g)}\,(1+t)^{4g}}{(1-t^2)^2}$$

Il résulte du § 2.5 que la cohomologie de N(2,1) n'a pas de torsion , et que N(2,1) a pour série de Poincaré

$$P(N(2,1)) = (1-t^2)\, P_G(\mathcal{C}_s)$$

$$= (1+t)^{2g} \quad \frac{(1+t^3)^{2g} - t^{2g}(1+t)^{2g}}{(1-t^2)(1-t^4)}$$

Démonstration de la proposition (2.5)

La démonstration de la proposition (2.5) repose sur l'évaluation de la classe d'Euler du fibré normal de $\mathcal{C}_\mu$. Pour ceci, on utilise la description suivante de $H_G(\mathcal{C})$ dans le cas r=1 , qui précise les propositions (2.3) et (2.4) .

LEMME (2.6) . Soit L un fibré vectoriel de rang un, de classe C^ν , de groupe de jauge G . Soit $Pic^o(M)$ le groupe de Picard des fibrés vectoriels holomorphes de degré 0 , de rang un sur M . Alors

$$H_G(\mathcal{C}) = H(Pic^o(M)) \otimes H(B\mathbb{C}^*)$$

Démonstration. Soit x_o un point de M ; soit G_o le sous-groupe de G des fonctions inversibles de classe C^ν sur M qui valent 1 en x_o . Alors $G \simeq G_o \times \mathbb{C}^*$, et G opère sur $\mathcal{C}=\mathcal{C}(L)$ par la formule

$$((f,\lambda), d'') \mapsto d'' - \frac{d''f}{f}$$

pour $f \in G_o$, $\lambda \in C^*$, et $d'' \in \mathcal{C}(L)$. Il en résulte que

$$(\mathcal{C})_G \simeq (\mathcal{C})_{G_o} \times B\mathbb{C}^*$$

Puisque G_o opère librement sur $\mathcal{C}$, on a une équivalence d'homotopie

$$(\mathcal{C})_{G_o} \simeq \mathcal{C}/_{G_o} = \mathrm{Pic}^{\circ}(M)$$

Le lemme est donc une conséquence de la formule de Künneth .

Pour obtenir la proposition (2.5) il suffit, compte-tenu de la description du fibré normal (prop. (2.2)), d'observer que l'image de la classe de Chern de rang maximum du fibré normal de $\mathcal{C}_\mu$ par le morphisme induit par l'inclusion $(\mathbb{C}^* \times \mathbb{C}^*, .) \longrightarrow (G, \mathcal{C}_\mu)$ en un point $d'' \in \mathcal{C}(L') \times \mathcal{C}(L'')$

$$H_G(\mathcal{C}_\mu) \longrightarrow H(B\mathbb{C}^* \times B\mathbb{C}^*) = \mathbb{Z}[u,v]$$

est donnée par $(-u + v)^{d_\mu}$.

RÉFÉRENCES

[1] M.F. ATIYAH et R. BOTT The Yang-Mills equations over Riemann Surfaces Phil. Trans. Roy. Soc. London A 308 (1982) p. 523-615 .

[2] A. DOLD Partitions of unity in the theory of fibrations Ann. of Maths 78 p. 223-255 (1963)

[3] D. HUSEMOLLER Fibre bundles Springer Verlag (1966)

[4] J. LE POTIER Annulation de la cohomologie à valeurs dans un fibré vectoriel holomorphe positif de rang quelconque. Math. Annalen p. 35-53 (1975)

[5] P. NEWSTEAD Topological properties of some spaces of stables bundles Topology 6 p. 241-262 (1967)

[6] S. SHATZ The decomposition and Specialization of algebraic families of vector bundles. Compositio Mathematica 35 (2) p. 163-187 (1977)

Exposé n°2

CONSTRUCTION DE LA VARIETE DE MODULES DES FIBRES VECTORIELS STABLES SUR UNE COURBE ALGEBRIQUE LISSE

Joseph OESTERLE

I.- FIBRES VECTORIELS STABLES SUR UNE COURBE

1.- Fibrés vectoriels sur une courbe

Soient k un corps algébriquement clos, X une courbe algébrique projective irréductible non singulière, définie sur k, g son genre.
En associant à un fibré vectoriel (algébrique) sur X le faisceau des germes de sections régulières de ce fibré, on établit *une équivalence de catégorie entre la catégorie des fibrés vectoriels sur* X *et celle des* O_X*-modules localement libres de type fini* (i.e des O_X-modules cohérents sans torsion).
Le *rang* d'un fibré vectoriel E sur X est constant sur X car X est connexe, et noté $rg(E)$. Les notions de produit tensoriel et sommes directes de deux fibrés, de puissances extérieures et fibré déterminant ($\det(E) \overset{\text{def.}}{=} \Lambda^r(E)$ avec $r = rg(E)$) d'un fibré E, de fibré des homomorphismes entre deux fibrés correspondent aux notions analogues dans la catégorie des O_X-modules localement libres de type fini.
L'ensemble des classes d'isomorphisme de fibrés vectoriels de rang r s'identifie à $\check{H}^1(X, Gl_r(O_X))$ (premier ensemble de cohomologie de Cech du faisceau de groupes non commutatifs $Gl_r(O_X)$ pour la topologie de Zariski). Lorsque $r = 1$, on parle de fibrés en droites, et l'ensemble des classes d'isomorphisme de tels fibrés, muni du produit tensoriel, est un groupe isomorphe à $\check{H}^1(X, O_X^*)$. En associant à un fibré en droites la classe d'équivalence linéaire des diviseurs de ses sections rationnelles, on établit un isomorphisme de ce groupe sur le groupe de Picard $Pic(X)$ de la courbe X.

Par définition le *degré* d'un fibré vectoriel E sur X, noté $\deg(E)$, est le degré de la classe de diviseurs associée au fibré en droites $\det(E)$, et, si E est non nul, la *pente* de E, notée $\mu(E)$, est le quotient $\frac{\deg(E)}{rg(E)}$.

On définit de même le degré (resp. la pente) d'un O_X-module localement libre de type fini (resp. de type fini et non nul).

Exemple : Soient E et E' deux fibrés vectoriels sur X . Notons r et r' leurs rangs, d et d' leurs degrés. Des isomorphismes

$$\det(E \otimes E') \simeq \det(E)^{\otimes r'} \otimes \det(E')^{\otimes r}$$
$$\det(E^*) \simeq (\det(E))^*$$
$$\mathrm{Hom}(E,E') \simeq E^* \otimes E'$$

(où E^* désigne le fibré dual de E), on déduit les égalités suivantes

$$\mathrm{rg}(E \otimes E') = r + r' \qquad \deg(E \otimes E') = dr' + d'r$$
$$\mathrm{rg}(E^*) = r \qquad \deg(E^*) = -d$$

et on a, si E et E' sont non nuls ,

$$\mu(E \otimes E') = \mu(E) + \mu(E') \quad , \mu(E^*) = -\mu(E) \quad , \mu(\mathcal{H}om(E,E')) = \mu(E') - \mu(E).$$

2.- Sous-fibrés d'un fibré vectoriel

Soient E un fibré vectoriel sur X , $\mathcal{E}$ le O_X-module associé. Bien que tout sous O_X-module cohérent de $\mathcal{E}$ soit localement libre de type fini, un tel sous O_X-module $\mathcal{F}$ ne correspond pas nécessairement à un sous-fibré F de E par l'équivalence de catégorie du n°1 : il n'en est ainsi que lorsque $\mathcal{F}$ est localement facteur direct de $\mathcal{E}$, c'est-à-dire lorsque $\mathcal{E}/\mathcal{F}$ est sans torsion, et alors $\mathcal{E}/\mathcal{F}$ correspond à E/F .

Etant donné un sous-O_X-module cohérent $\mathcal{F}$ de $\mathcal{E}$, il existe un plus petit sous O_X-module cohérent $\tilde{\mathcal{F}}$ de $\mathcal{E}$ contenant $\mathcal{F}$ et localement facteur direct de $\mathcal{E}$, à savoir l'image réciproque du sous-faisceau de torsion de $\mathcal{E}/\mathcal{F}$. Le support de $\tilde{\mathcal{F}}/\mathcal{F}$ est fini et $\mathcal{F}$ et $\tilde{\mathcal{F}}$ ont même rang. Le sous-fibré de E associé à $\tilde{\mathcal{F}}$ est parfois dit "engendré par $\mathcal{F}$ ".

LEMME 1.- *Avec les notations précédentes, le degré de $\mathcal{F}$ est inférieur à celui de $\tilde{\mathcal{F}}$, avec égalité si et seulement si $\mathcal{F}$ est égal à $\tilde{\mathcal{F}}$. (L'assertion analogue, obtenue en remplaçant "degré" par "pente" en résulte lorsque $\mathcal{F}$ est non nul).*

Notons $\chi(\mathcal{F})$ la caractéristique d'Euler-Poincaré du O_X-module $\mathcal{F}$. D'après le théorème de Riemann-Roch pour les faisceaux localement libres (cf III, n°1) on a

$$\chi(\mathcal{F}) = \deg(\mathcal{F}) + (1-g)\,\mathrm{rg}(\mathcal{F}) \quad .$$

En soustrayant cette égalité de l'égalité analogue relative à $\tilde{\mathcal{F}}$, on obtient

$$\deg(\tilde{\mathcal{F}}) - \deg(\mathcal{F}) = \chi(\tilde{\mathcal{F}}) - \chi(\mathcal{F}) = \chi(\tilde{\mathcal{F}}/\mathcal{F}) = \dim(H^0(X,\tilde{\mathcal{F}}/\mathcal{F})) \quad .$$

Le dernier membre est positif et s'annule si et seulement si le O_X-module à support fini $\tilde{\mathcal{F}}/\mathcal{F}$ est nul, d'où le lemme.

3.- La catégorie des fibrés vectoriels sur X .

La catégorie des fibrés vectoriels sur X est additive. Tout morphisme de fibrés $u : E \longrightarrow E'$ admet un noyau et un conoyau, donc une image et une coimage. On dit que u est strict lorsque le morphisme canonique $\mathrm{Coim}(u) \longrightarrow \mathrm{Im}(u)$ est un isomorphisme ; ceci n'est pas toujours le cas, de sorte que la catégorie des fibrés vectoriels sur X n'est pas abélienne.
Le rang de l'application linéaire $u_x : E_x \longrightarrow E'_x$ induite par u sur les fibres de E et E' en un point x de X est une fonction semi-continue inférieurement de x . La valeur maximale x qu'elle prend est atteinte sur un ouvert de X et est le rang générique de u , égal au rang des fibrés $\mathrm{Im}(u)$ et $\mathrm{Coim}(u)$.
Les conditions suivantes sont équivalentes :
(i) On a $\mathrm{rg}(u_x) = r$
(ii) L'injection canonique $(\mathrm{Ker}(u))_x \longrightarrow \mathrm{Ker}(u_x)$ est bijective.
(iii) L'injection canonique $\mathrm{Im}(u_x) \longrightarrow (\mathrm{Im}(u))_x$ est surjective.
(iv) L'application linéaire $((\mathrm{Coim}(u))_x \longrightarrow \mathrm{Im}(u))_x$ est bijective.
Pour que u soit strict, il faut et il suffit que ces conditions soient satisfaites pour tout $x \in X$.

Notons $\mathcal{u} : \mathcal{E} \longrightarrow \mathcal{E}'$ le morphisme de $\mathcal{O}_X$-modules associé à u . Alors le $\mathcal{O}_X$-module localement libre associé à $\mathrm{Ker}(u)$ est $\mathrm{Ker}(\mathcal{u})$, celui associé à $\mathrm{Coim}(u)$ est $\mathcal{E}/\mathrm{Ker}(\mathcal{u})$, qui s'identifie à $\mathcal{u}(\mathcal{E})$. On notera que le $\mathcal{O}_X$-module associé à $\mathrm{Im}(u)$ est $\widetilde{\mathcal{u}(\mathcal{E})}$, avec les notations du n°2, et celui associé à $\mathrm{Coker}(u)$ est $\mathcal{E}'/\widetilde{\mathcal{u}(\mathcal{E})}$. Lorsque u est non nul, on déduit donc du lemme 1 qu'*on a* $\mu(\mathrm{Coim}(u)) \leq \mu(\mathrm{Im}(u))$ *avec égalité si et seulement si* u *est strict.*

4.- Fibrés vectoriels stables et semi-stables

LEMME 2.- *Soit* F *un sous-fibré d'un fibré vectoriel* E *sur* X .
a) *On a* $\mathrm{rg}(E) = \mathrm{rg}(F) + \mathrm{rg}(E/F)$ *et* $\deg(E) = \deg(F) + \deg(E/F)$
b) *Si* F *est distinct de* 0 *et* E *on a les équivalences*

$$\mu(F) < \mu(E) \Longleftrightarrow \mu(F) < \mu(E/F) \Longleftrightarrow \mu(E) < \mu(E/F)$$

et des équivalences analogues lorsqu'on remplace $<$ *par* $=$ *ou par* $>$.

Notons r, r', r'' les rangs, d, d', d'' les degrés de $E, F, E/F$ respectivement L'égalité $r = r' + r''$ est immédiate et l'égalité $d = d' + d''$ résulte de l'existence d'un isomorphisme entre $\Lambda^r(E)$ et $\Lambda^{r'}(F) \otimes \Lambda^{r''}(E/F)$. Ceci prouve a).
Lorsque r' et r'' sont non nuls, on a les équivalences

$$\frac{d'}{r'} < \frac{d'+d''}{r'+r''} \Longleftrightarrow \frac{d'}{r'} < \frac{d''}{r''} \Longleftrightarrow \frac{d'+d''}{r'+r''} < \frac{d''}{r''}$$

et des équivalences analogues en remplaçant $<$ par $=$ ou par $>$, d'où b) .

DEFINITION 1.- *Un fibré vectoriel* E *sur* X *est semi-stable* (resp. stable) *si pour tout sous-fibré* F *de* E *distinct de* 0 *et de* E *on a* $\mu(F) \leqq \mu(E)$ (resp. *on a* $\mu(F) < \mu(E)$ *et en outre* E *est non nul*).

Remarque : Soit E un fibré vectoriel semi-stable sur X , F un fibré vectoriel non nul sur X et $u : F \longrightarrow E$ un morphisme de fibrés tel que Ker(u) soit le fibré nul. D'après la fin du n°3, on a $\mu(F) \leqq \mu(E)$, avec égalité si et seulement si u est strict et que le sous-fibré Im(u) de E a même pente que E . De même, soit $v : E \longrightarrow F$ un morphisme de fibrés de conoyau nul. On a $\mu(E) \leqq \mu(F)$ avec égalité si et seulement si u est strict et que le sous-fibré Ker(v) de E est nul ou a même pente que E .

Exemples : 1) Un fibré non nul dont le rang et le degré sont premiers entre eux, est stable et seulement s'il est semi-stable.
2) Soit L un fibré en droites sur X . *Pour qu'un fibré vectoriel* E *sur* X *soit semi-stable* (resp. *stable*) *il faut et il suffit que le fibré* $E \otimes L$ *le soit, ou encore que le fibré dual* E^* *le soit :* en effet $F \longmapsto F \otimes L$ et $F \longmapsto (E/F)^*$ sont des bijections entre les sous-fibrés propres non nuls de E et ceux de $E \otimes L$ d'une part, de E^* d'autre part, et on a $\mu(F \otimes L) = \mu(F) + \mu(L)$, $\mu((E/F)^*) = -\mu(E/F)$, d'où notre assertion (compte tenu du lemme 2).
3) Soit F un sous-fibré d'un fibré vectoriel E sur X , distinct de 0 et E . *Supposons que les fibrés* E,F,E/F *aient même pente* μ (il suffit pour cela, d'après le lemme 2, que deux d'entre eux aient même pente).
Pour que E *soit semi-stable, il faut et il suffit que* F *et* E/F *le soient.* Supposons en effet E semi-stable. Il est alors immédiat que F l'est, vu la définition 1 et l'égalité $\mu(F) = \mu(E)$. Soit G' un sous-fibré propre et non nul de E/F , et soit G son image réciproque dans E , de sorte que G' s'identifie à G/F . Puisque E est semi-stable, on a $\mu(G) \leqq \mu$, d'où (lemme 2) l'inégalité $\mu(G') \leqq \mu$, ce qui montre que E/F est semi-stable. Inversement supposons F et E/F semi-stables et soit G un sous-fibré propre non nul de E . Notons $\pi : G \longrightarrow E/F$ la restriction à G de la surjection canonique $E \longrightarrow E/F$. On a des morphismes de noyau nul $\mathrm{Ker}\,\pi \longrightarrow F$ et $\mathrm{Coim}(\pi) \longrightarrow E/F$ (non nécessairement stricts). D'après la remarque ci-dessus, on a $\mu(\mathrm{Ker}(\pi)) \leqq \mu$ si Ker(π) est non nul, $\mu(\mathrm{Coim}(\pi)) \leqq \mu$ si Coim(π) est non nul, et comme G est extension de Coim(π) par Ker(π) , on en déduit (lemme 2) l'inégalité $\mu(G) \leqq \mu$, ce qui montre que E est semi-stable.
4) Supposons que E soit somme directe de deux sous-fibrés F et G non nuls. *Pour que* E *soit semi-stable il faut et il suffit que* F *et* G *le soient et que l'on ait* $\mu(F) = \mu(G)$. La nécessité est en effet immédiate vu le lemme 2, et la suffisance résulte de l'exemple 3). En particulier, *un fibré stable est*

indécomposable.

Soit μ un nombre rationnel. Notons $\mathcal{M}_{ss,\mu}$ la sous-catégorie pleine de la catégorie des fibrés formée des fibrés E semi-stables tels que E soit nul ou de pente égale à μ .

LEMME 3.- *Soient* E,E' *des objets de* $\mathcal{M}_{ss,\mu}$ *et* $u : E \longrightarrow E'$ *un morphisme de fibrés. Alors* u *est strict et* Ker(u), Coim(u), Im(u), Coker(u) *sont des objets de* $\mathcal{M}_{ss,\mu}$.

Le résultat est immédiat si u est nul. Si u est non nul, on a (cf n°3) $\mu = \mu(E) \leqq \mu((\mathrm{Coim}(u)) \leqq \mu(\mathrm{Im}(u)) \leqq \mu(E') = \mu$. On en déduit les égalités $\mu(\mathrm{Coim}(u)) = \mu(\mathrm{Im}(u)) = \mu$, qui impliquent que le morphisme u est strict (cf. n°3) et les autres assertions se déduisent des égalités précédentes et de l'exemple 3) appliqué aux sous-fibrés Ker(u) de E et Im(u) de E' .

THEOREME 1.- $\mathcal{M}_{ss,\mu}$ *est une sous-catégorie de la catégorie des fibrés, stable par facteurs directs et par extensions. C'est une catégorie abélienne.*

Les deux premières assertions résultent des exemples 3) et 4) et la dernière du lemme 3.

THEOREME 2.- *Les objets simples de* $\mathcal{M}_{ss,\mu}$ *sont les fibrés stables de pente* μ *. Leur anneau d'endomorphismes est* k *(agissant par homothéties sur les fibres). Tout élément de* $\mathcal{M}_{ss,\mu}$ *admet une suite de composition dans* $\mathcal{M}_{ss,\mu}$ *dont les quotients sont des fibrés stables de pente* μ .

La première assertion résulte de la définition d'un fibré stable. L'anneau des endomorphismes d'un tel fibré est donc un corps contenant le corps k des homothéties. Ses éléments sont algébriques sur k d'après le théorème de Cayley-Hamilton donc sont dans k puisque k est algébriquement clos. La dernière assertion est immédiate.

II.- LE THEOREME DE PASSAGE AU QUOTIENT DE MUMFORD (cf. [Mu-Fo]) pour les démonstrations des résultats de ce paragraphe).

1.- Bons quotients

Soit Y une variété algébrique définie sur le corps algébriquement clos k sur laquelle opère (algébriquement) un k-groupe algébrique G .

DEFINITION 1.- *On appelle bon quotient de* Y *par* G *un couple* (Z,φ) *où* Z *est une variété algébrique et* φ *un morphisme de variétés, défini sur* k *, de* Y *dans* Z *, satisfaisant les conditions suivantes :*

a) φ *est surjectif, affine, et compatible à l'action de* G (i.e $\varphi(gy) = \varphi(y)$ *pour tout* $g \in G$ *et* $y \in Y$) ;

b) *pour tout ouvert* U *de* Z , *l'injection canonique* $k[U] \longrightarrow k[\varphi^{-1}(U)]^G$ *est bijective ;*

c) *l'image par* φ *d'une partie fermée de* Y *stable par* G *est fermée, et si* Y' *et* Y'' *sont deux parties fermées disjointes de* Y *stables par* G , $\varphi(Y')$ *et* $\varphi(Y'')$ *sont disjointes.*

Lorsqu'un bon quotient (Z,φ) de Y par G existe, il est *unique à isomorphisme unique près*, car c'est un *quotient catégorique*, au sens suivant : tout morphisme de variétés $u : Y \longrightarrow Z'$, défini sur k , compatible à l'action de G admet une factorisation unique $u = v \circ \varphi$ où $v : Z \longrightarrow Z'$ est un morphisme de variétés défini sur k .

Un bon quotient (Z,φ) de Y par G jouit des propriétés suivantes :

(i) la topologie de Z est quotient de celle de Y par la relation d'équivalence définie par φ ;

(ii) une fonction f définie sur un ouvert U de Z , à valeurs dans k est régulière si et seulement si $f \circ \varphi$ est une fonction régulière sur $\varphi^{-1}(U)$;

(iii) deux points y et y' de Y ont même image par φ si et seulement si les adhérences de leurs orbites ont une intersection non vide ;

(iv) pour tout ouvert G-stable V de Y , $(\varphi(V), \varphi|_V)$ est un bon quotient de V par G .

DEFINITION 2.- *Un bon quotient* (Z,φ) *de* Y *par* G *est appelé quotient géométrique de* Y *par* G *si les conditions équivalentes suivantes sont satisfaites :*

a) *les fibres de* φ *sont les orbites de* G *dans* Y ;

b) *les orbites de* G *dans* Y *sont fermées ;*

c) *l'application qui à* $y \in Y$ *associe la dimension de son orbite* Gy *est localement constante sur* Y .

Lorsque G agit librement sur Y et qu'un quotient géométrique (Z,φ) de Y par G existe, Y est un espace fibré principal de groupe structural G audessus de Z .

2.- Le cas affine

THEOREME 1.- *Supposons que la variété* Y *soit affine et le groupe algébrique* G *réductif (non nécessairement connexe). Il existe alors un bon quotient de* Y : *c'est une variété algébrique affine dont l'anneau des fonctions régulières est* $k[Y]^G$.

Ce théorème a été démontré par Mumford lorsque le corps k est de caractéristique 0 ; la démonstration s'étendait en toute caractéristique, moyennant la conjecture suivante de Mumford, démontrée par Haboush :

Soit V l'espace d'une représentation linéaire (algébrique) d'un groupe algébrique réductif G (le tout défini sur un corps k algébriquement clos) et v un élément non nul de V fixé par G. Il existe alors une fonction polynomiale G-invariante P sur V, homogène de degré strictement positif, telle que $P(v) \neq 0$.

3.- Le cas quasi-projectif

Supposons que la variété Y soit quasi-projective, que le groupe G soit réductif et supposons donnés un fibré en droites ample L sur Y ainsi qu'une G-linéarisation de L, c'est à dire une action (algébrique) de G sur L, compatible à celle de Y, telle que pour tout $g \in G$, le morphisme $x \longmapsto gx$ de L dans L soit un isomorphisme de fibrés.

DEFINITION 3.- *Avec les notations précédentes, un point* y *de* Y *est dit :*
a) *semi-stable s'il existe un entier* $n \geq 1$ *et une section* s *de* $L^{\otimes n}$, *G-invariante, tels que l'ouvert* $Y_s = \{y' \in Y / s(y') \neq 0\}$ *de* Y *soit affine et contienne* y ;
b) *stable si son stabilisateur dans* G *est fini et qu'il existe un entier* $n \geq 1$ *et une section* s *de* $L^{\otimes n}$, *G-invariante, tels que* Y_s *soit affine, contienne* y, *et que les orbites de* G *dans* Y_s *soient fermées.*

Exemples: 1) Soit V l'espace d'une représentation linéaire (algébrique) de G. Supposons que Y soit l'espace projectif $\mathbb{P}(V)$ et L le fibré $O(1)$ muni de la G-linéarisation déduite de l'action de V. Pour qu'un point y de $\mathbb{P}(V)$, image d'un élément v de $V - \{0\}$ soit semi-stable, il faut et il suffit que 0 n'appartienne pas à l'adhérence de l'orbite Gv de v, ou encore qu'il existe une fonction polynomiale G-invariante homogène de degré strictement positif sur V ne s'annulant pas en v. Pour que y soit stable, il faut et il suffit que l'application orbitale $g \longmapsto gv$ de G dans V soit propre, c'est à dire que l'orbite de v dans V soit fermée et le stabilisateur de v dans G fini.

2) Lorque Y est une sous-variété projective stabilisée par G de $\mathbb{P}(V)$, où V est l'espace d'une représentation linéaire de G, et que L est le fibré induit sur Y par $O(1)$, les actions de G sur Y et L étant celles déduites de la représentation linéaire, on dispose d'un critère numérique fort commode pour vérifier qu'un point y de Y, image d'un élément v de $V - \{0\}$ est stable ou semi-stable :
Le point y *est semi-stable* (resp. *stable*) *si et seulement si pour tout sous-groupe à un paramètre* $\alpha : G_m \longrightarrow G$ *de* G, *il existe un poids de* α *dans* v *qui soit* ≥ 0 (resp. > 0) (par poids de α dans v nous entendons les entiers n tels que si $v = \sum_{n \in \mathbb{Z}} v_n$ avec $\alpha(t)v_n = t^n v_n$, on ait $v_n \neq 0$). Il revient au même de dire que pour tout tore maximal T de G l'enveloppe convexe, dans le groupe $X(T)$ des caractères de T, des poids de T dans v (définition analogue à la précédente) contient 0 (resp. contient 0 dans son intérieur).

THEOREME 2.- *Avec les notations du début de ce numéro, l'ensemble* Y^{ss} (resp. Y^s) *des points semi-stables* (resp. *stables*) *de* Y *est un ouvert de* Y , *il existe un bon quotient* (Z,φ) *de* Y^{ss} *par* G , *la variété algébrique* Z *est quasi-projective, l'image* Z^s *de* Y^s *par* φ *est ouverte dans* Z , *on a* $Y^s = \varphi^{-1}(Z^s)$ *et* $(Z^s, \varphi_{|Y^s})$ *est un quotient géométrique de* Y^s . *Si de plus* Y *et* L *sont comme dans l'exemple* 2) *ci-dessus, la variété* Z *est projective.*

4.- Application à un produit de grassmanniennes

Soient E un espace vectoriel de dimension finie $h \geqq 1$ sur k et r un entier tel que $1 \leqq r \leqq h$. Notons $G_r(E)$ la grassmanienne des quotients de dimension r de E : elle se plonge comme sous-variété projective non singulière de l'espace projectif $\mathbb{P}((\Lambda^r(E))^*)$ en associant à un quotient F de E de dimension r la droite de $(\Lambda^r(E))^*$ dont les éléments sont les formes linéaires sur $\Lambda^r(E)$ qui se factorisent par $\Lambda^r(F)$ (le choix d'une base de E fournit via ce plongement les coordonnées plückériennes sur $G_r(E)$). Le fibré en droites O(1) sur $\mathbb{P}((\Lambda^r(E))^*$, dont les sections régulières sont les éléments de $\Lambda^r(E)$, induit sur $G_r(E)$ un fibré en droites ample encore noté O(1) .
Fixons un entier $N \geqq 1$. Le groupe PGL(E) et à fortiori le groupe SL(E) agissent sur la variété projective $Y = G_r(E)^N$ (qui paramétrise les N-uplets de quotients de E , tous de dimension r) . Le fibré en droites $L = \bigotimes_{i=1}^{N} pr_i^*(O(1))$ sur Y est ample et SL(E)-linéarisé de façon naturelle (et en fait $L^{\otimes h}$ est PGL(E)-linéarisé).

Nous nous intéressons à la détermination des points de Y stables ou semi-stables relativement à l'action de $G = SL(E)$ et au fibré ample G-linéarisé L (ou à l'action de PGL(E) et au fibré ample PGL(E)-linéarisé $L^{\otimes h}$, ce qui revient au même, vu la définition 3).

Pour cela, considérons Y comme sous-variété projective de l'espace projectif $\mathbb{P}(V)$ avec $V = (\Lambda^r(E)^*)^{\otimes N}$ via le plongement de Plücker $G_r(E) \longrightarrow \mathbb{P}(\Lambda^r(E)^*)$ et le plongement de Segre $\mathbb{P}((\Lambda^r(E))^*)^N \longrightarrow \mathbb{P}(((\Lambda^r(E))^*)^{\otimes N})$, remarquons que le fibré en droites L sur Y est induit par le fibré en droites O(1) sur $\mathbb{P}(V)$ et la linéarisation de L déduite de la représentation linéaire évidente de $G = SL(E)$ dans $V = ((\Lambda^r(E))^*)^{\otimes N}$. Ceci nous permet d'appliquer le critère numérique de l'exemple 2) du n°3 :
Soit $y = (F_1, \ldots, F_N)$ un point de Y . Choisissons pour $1 \leqq i \leqq N$ une forme linéaire non nulle u_i sur $\Lambda^r(E)$ qui se factorise par $\Lambda^r(F_i)$, de sorte que y est l'image canonique de l'élément $v = u_1 \otimes \ldots \otimes u_N$ de $V - \{0\}$. Pour que y soit semi-stable (resp. stable), il faut et il suffit que pour tout sous-groupe à un paramètre $\alpha : G_m \longrightarrow G$ de G il existe un poids de α dans v qui soit $\geqq 0$ (resp. > 0) . Or les sous-groupes à un paramètre α de G s'obtiennent de

la façon suivante : on choisit une base $(e_1,\ldots,e_h)$ de E, des entiers relatifs $n_1 \geq \ldots \geq n_h$ tels que $\sum_{j=1}^{h} n_j = 0$ et $\alpha(t)$ est l'élément de $SL(E)$ vérifiant $\alpha(t)e_j = t^{-n_j}e_j$ pour $1 \leq j \leq h$. Les poids de α dans v sont alors les entiers de la forme $\sum_{i=1}^{N} \sum_{j\in I_i} n_j$, où pour chaque i $(1\leq i\leq N)$, I_i est un sous-ensemble à r éléments de $\{1,2,\ldots,h\}$ tel que $u_i(\bigwedge_{j\in I_i} e_j) \neq 0$, c'est à dire tel que les images des e_j $(j\in I_i)$ dans F_i forment une base de F_i. Notant $\mu_i(\alpha)$ la borne supérieure des $\sum_{j\in I_i} n_j$, lorsque I_i décrit les tels sous-ensembles de $\{1,2,\ldots,h\}$, le plus grand poids de α dans v est donc $\sum_{i=1}^{N} \mu_i(\alpha)$.

Nous allons donner une autre expression de cette quantité en introduisant les notations suivantes : D_j est le sous-espace de E engendré par les e_ℓ, $\ell \leq j$ (pour $0\leq j\leq h$), π_i est la surjection canonique de E sur F_i $(1\leq i\leq N)$ et pour tout sous-espace D de E non nul, on pose

$$(1) \qquad \delta(D) = \sum_{i=1}^{N} \left(\frac{\dim \pi_i(D)}{\dim D} - \frac{r}{h}\right).$$

Compte tenu des inégalités $n_1 \geq n_2 \geq \ldots \geq n_h$, il résulte aussitôt de la définition des $\mu_i(\alpha)$ que l'on a :

$$\begin{aligned} \mu_i(\alpha) &= \sum_{j=1}^{h} n_j \dim(\pi_i(D_j)/\pi_i(D_{j-1})) \\ &= n_h r + \sum_{j=1}^{h-1} (n_j - n_{j+1}) \dim(\pi_i(D_j)) \\ &= \sum_{j=1}^{h-1} (n_j - n_{j+1}) j \left(\frac{\dim(\pi_i(D_j))}{j} - \frac{r}{h}\right) \end{aligned}$$

et par suite

$$(2) \qquad \sum_{i=1}^{N} \mu_i(\alpha) = \sum_{j=1}^{h-1} (n_j - n_{j+1}) \, j \, \delta(D_j) \quad ,$$

le critère de semi-stabilité (resp. stabilité) de y consistant à dire que la quantité (2) est ≥ 0 (resp. > 0) pour tout choix de α.

<u>THEOREME 3</u>.- : *Pour que le point* $y = (F_1,\ldots,F_N)$ *de* Y *soit semi-stable* (resp. *stable*) *il faut et il suffit que l'on ait* $\delta(D) \geq 0$ (resp. > 0) *pour tout sous-espace* D *de* E, *distinct de* 0 *et de* E, *où* $\delta(D)$ *est défini par la formule* (1).

<u>Suffisance</u> : si l'on a $\delta(D) \geq 0$ (resp. > 0) pour tout sous-espace propre non nul D de E, on a $\sum_{i=1}^{N} \mu_i(\alpha) \geq 0$ (resp. > 0) pour tout sous-groupe à un paramètre α de G, d'après la formule (2), ce qui prouve que y est semi-stable (resp. stable).

<u>Nécessité</u> : s'il existe un sous-espace propre et non nul D de E tel que $\delta(D) < 0$ (resp. $\delta(D) \leq 0$), choisissons une base

$e_1,\dots e_h$ de E telle que les h' premiers de ces vecteurs (avec $h' = \dim D$) forment une base de D. Posons $n_1 = n_2 = \dots = n_{h'} = h - h'$ et $n_{h'+1} = \dots = n_h = -h'$, et considérons le sous-groupe à un paramètre α de G tel que $\alpha(t)e_j = t^{-n_j}e_j$ pour $1 \leq j \leq h$. Avec les notations précédant l'énoncé du théorème, $\sum_{i=1}^{N} \mu_i(\alpha)$ est égal à $hh'\delta(D)$ vu la formule (2), donc est < 0 (resp. ≤ 0), de sorte que y n'est pas semi-stable (resp. pas stable).

Exemple : (cas où $h = 2$ et $r = 1$) : une suite $(x_1,\dots,x_N)$ de points de $\mathbb{P}_1$ est semi-stable (resp. stable) relativement à l'action de SL_2 si et seulement si pour tout $x \in \mathbb{P}_1$ on a $\mathrm{Card}\{i/x \neq x_i\} \geq \frac{N}{2}$ (resp. $> \frac{N}{2}$).

III.- VARIETES DE MODULES POUR LES FIBRES STABLES

Dans ce paragraphe, X est une courbe algébrique projective irréductible non singulière de genre g définie sur le corps algébriquement clos k.

1.- Rappels sur la cohomologie

Rappelons ici quelques résultats (dont d'ailleurs certains ont déjà été utilisés en I) sur la cohomologie des faisceaux sur X :
On note $H^i(X,.)$ le $i^{\text{ème}}$ foncteur dérivé du foncteur "sections globales" de la catégorie des faisceaux en groupes abéliens sur X (pour la topologie de Zariski) dans celle des groupes abéliens. Il est nul pour $i \geq 2$ et $H^i(X,\mathcal{F})$ coïncide, lorsque $\mathcal{F}$ est un O_X-module quasi-cohérent avec la cohomologie de Cech de $\mathcal{F}$ relative à n'importe quel recouvrement ouvert affine de X.

Le faisceau Ω des germes de formes différentielles de degré 1 sur X, i.e. des germes de sections régulières du fibré cotangent T^* de X est un "module dualisant" : ceci signifie que $H^1(X,\Omega)$ est canoniquement isomorphe à k et que le cup-produit

$$H^i(X,\mathcal{F}) \times H^{1-i}(X,\mathcal{H}om(\mathcal{F},\Omega)) \longrightarrow H^1(X,\Omega)$$

définit, pour tout O_X-module cohérent $\mathcal{F}$, et pour $i \in \{0,1\}$, une dualité parfaite entre les k-espaces vectoriels de (même) dimension finie $H^i(X,\mathcal{F})$ et $H^{1-i}(X,\mathcal{H}om(\mathcal{F},\Omega))$.
Le théorème de Riemann-Roch donne la valeur de la caractéristique d'Euler-Poincaré $\chi(\mathcal{F}) = \dim H^\circ(X,\mathcal{F}) - \dim H^1(X,\mathcal{F})$ d'un O_X-module localement libre de type fini : on a

$$\chi(\mathcal{F}) = \deg(\mathcal{F}) + (1-g)\mathrm{rg}(\mathcal{F})$$

(la formulation traditionnelle du théorème de Riemann-Roch est la précédente dans la cas particulier où $\mathrm{rg}(\mathcal{F}) = 1$, mais le cas général s'en déduit aussitôt en remarquant que $\mathcal{F}$ admet une filtration dont les quotients sont localement libres de rang 1).

Par définition, nous notons $H^i(X,E)$ l'espace vectoriel $H^i(X,\mathcal{E})$ lorsque $\mathcal{E}$ est le faisceau des germes de sections régulières d'un fibré vectoriel E sur X , de sorte que :

a) $H^i(X,E)$ est de dimension finie pour tout $i \geq 0$, et nul pour $i \geq 2$.

b) $H^i(X,E)$ s'identifie au dual de $H^{1-i}(X,\mathrm{Hom}(E,T^*))$ pour $i \in \{0,1\}$.

c) $\chi(E) = \deg E + (1-g)\,\mathrm{rg}(E)$.

2.- Les fibrés semi-stables de degré et rang donné forment une famille limitée

PROPOSITION 1.- *Soit* E *un fibré semi-stable non nul sur* X .

a) *Si* $\mu(E) > 2g-2$, *alors* $H^1(X,E)$ est nul.

b) *Si* $\mu(E) > 2g-1$, *alors le faisceau* $\mathcal{E}$ *des germes de sections régulières de* E *est engendré par ses sections globales.*

Supposons d'abord $H^1(X,E)$ non nul, d'où $H^\circ(X,\mathrm{Hom}(E,T^*))$ non nul : il existe donc un morphisme non nul $u : E \to T^*$. Puisque T^* est de rang 1 , Coker(u) est nul et puisque E est semi-stable on a (I,n°4,remarque)

$$\mu(E) \leq \mu(T^*) = 2g-2 \quad .$$

Ceci prouve a).

Supposons maintenant $\mu(E) > 2g-1$, soit x un point de X et $O_X(-x)$ le sous-faisceau de O_X formé des germes de fonctions nulles en x . Alors $\mathcal{E} \otimes O_X(-x)$ est un sous-faisceau localement libre de $\mathcal{E}$, semi-stable de pente égale à $\mu(E)-1$, donc $> 2g-2$ (I,n°1, exemple et n°4, exemple 2). D'après a) , $H^1(\mathcal{E} \otimes O_X(-x))$ est nul de sorte que la suite exacte de cohomologie s'écrit :

$$0 \longrightarrow H^\circ(X,\mathcal{E} \otimes O_X(-x)) \longrightarrow H^\circ(X,\mathcal{E}) \xrightarrow{\ v\ } H^\circ(X,\mathcal{E}/(\mathcal{E} \otimes O_X(-x))) \longrightarrow 0$$

L'espace vectoriel $H^\circ(X,\mathcal{E}/(\mathcal{E} \otimes O_X(-x)))$ s'identifie à la fibre E_x de E en x et v fait correspondre à une section régulière de E sa valeur en x .

Ainsi b) résulte de la surjectivité de v .

COROLLAIRE 1.- *Soit* E *un fibré semi-stable* (resp. *stable*) *non nul sur* X , *de pente strictement supérieure à* $2g-1$. *Pour tout sous-fibré* F *de* E *distinct de* 0 *et* E , $\dfrac{\dim H^\circ(X,F)}{\mathrm{rg}(F)}$ *est inférieur* (resp. *strictement inférieur*) *à* $\dfrac{\dim H^\circ(X,E)}{\mathrm{rg}(E)}$.

Raisonnons par récurrence sur le rang de F . Si $H^1(X,F)$ est nul, on a $\dfrac{\dim H^\circ(X,F)}{\mathrm{rg}(F)} = \mu(F) + 1 - g$ d'après le théorème de Riemann Roch, et de même $\dfrac{\dim H^\circ(X,E)}{\mathrm{rg}(E)} = \mu(E) + 1 - g$ puisque $H^1(X,E)$ est nul (prop. 1). Le corollaire résulte alors de la définition d'un fibré semi-stable (resp. stable).

Supposons maintenant $H^1(X,F)$ non nul et donc par dualité, $H^\circ(X,\mathrm{Hom}(F,T^*))$ non nul : il existe un morphisme non nul de fibrés $u : F \to T^*$. Notons F' son noyau. On a des suites exactes

$$0 \longrightarrow H^\circ(X,F') \longrightarrow H^\circ(X,F) \longrightarrow H^\circ(X,\mathrm{Coim}\,u)$$

$$0 \longrightarrow H^\circ(X,\mathrm{Coim}\,u) \longrightarrow H^\circ(X,T^*)$$

d'où l'inégalité

$$\dim H^\circ(X,F) \leqq \dim H^\circ(X,F') + \dim H^\circ(X,T^*) = \dim H^\circ(X,F') + g$$

Or d'après l'hypothèse de récurrence $\dim H^\circ(X,F')$ est majorée par $rg(F').\frac{\dim H^\circ(X,E)}{rg(E)}$, c'est-à-dire par $(rg(F)-1)\frac{\dim H^\circ(X,E)}{rg(E)}$, et par hypothèse on a $g < \mu(E) + 1 - g = \frac{\dim H^\circ(X,E)}{rg(E)}$. Ceci achève la démonstration.

Remarque : La démonstration précédente montre que si F est un sous-fibré non nul de E pour lequel $\frac{\dim H^\circ(X,F)}{rg(F)}$ est égal à $\frac{\dim H^\circ(X,E)}{rg(E)}$, alors $H^1(X,F)$ est nul, F a même pente que E et donc est semi-stable.

COROLLAIRE 2.- *Soient* $d \in \mathbb{Z}$ *et* $r \geqq 0$ *deux entiers. La famille des fibrés semi-stables sur* X *de rang* r *et degré* d *est limitée : ceci signifie qu'il existe un fibré en droites* L *tel que pour tout fibré* E *de cette famille, le faisceau des germes de sections de* $E \otimes L$ *soit engendré par ses sections globales et* $H^1(X,E \otimes L)$ *soit nul.*

On peut supposer $r \neq 0$. Soit L un fibré en droites sur X de degré strictement supérieur à $2g-1-\frac{d}{r}$. Pour tout fibré E sur X semi-stable de rang r et degré d , le fibré $E \otimes L$ est semi-stable (I,n°4) , de pente $\mu(E) + \mu(L) = \frac{d}{r} + \deg(L)$ strictement supérieure à $2g-1$. La proposition 1 permet de conclure.

3.- Rappels sur les schémas de Hilbert

Nous conservons les notations de I,1. En outre p désigne un polynôme de degré 1 à coefficients entiers et $\mathcal{F}$ un faisceau algébrique cohérent sur X .

Pour tout schéma S de type fini sur k , notons $Q(S)$ l'ensemble des modules cohérents $\mathcal{G}$ sur $S \times X$, plats sur S , quotients de $\mathcal{F}_S = pr_2^*(\mathcal{F})$, ayant la propriété suivante : pour tout $s \in S$, le polynôme de Hilbert du faisceau algébrique cohérent induit par $\mathcal{G}$ sur la courbe $\{s\} \times X$ (définie sur $k(s)$) est égal à P .

Remarque : Si S est le k-schéma associé à une variété algébrique irréductible S_o , définie sur k , $Q(S)$ est l'ensemble des quotients cohérents du faisceau $\mathcal{F}_{S_o} = pr_2^*(\mathcal{F})$ sur $S_o \times X$ dont le polynôme de Hilbert sur chaque courbe $\{s\} \times X \simeq X$ $(s \in S_o)$ est P (la platitude est alors conséquence de ces propriétés ; cf [Ha], p. 261,th.99).

THEOREME 1.- *Le foncteur* Q *est représentable par un schéma projectif de type fini sur* k *(que l'on note encore* Q*)* .
(cf. [Gr] , pour la démonstration).

En particulier il existe sur $Q \times X$ un module cohérent $\mathcal{E}_Q$ quotient de $\mathcal{F}_Q$, ayant les propriétés énoncées plus haut, et "universel" pour ces propriétés. Pour tout point q de Q nous noterons $\mathcal{E}_q$ le module cohérent induit par $\mathcal{E}_Q$ sur $X_q = k(q) \times X$: c'est un quotient du module cohérent $\mathcal{F}_q$ déduit de $\mathcal{F}$ par changement de base, dont le polynôme de Hilbert est égal à P .

Plaçons-nous maintenant dans le cas particulier suivant : h est un entier ≥ 1 , $\mathcal{F}$ est égal à O_X^h , r est un entier ≥ 1 , P est le polynôme $h + rt$ (en l'indéterminée T) : pour tout $q \in Q$, la caractéristique d'Euler-Poincaré du faisceau cohérent $\mathcal{E}_q$ est donc h et le rang du quotient de $\mathcal{E}_q$ par son sous-module de torsion est r . Notons R l'ensemble des points q de Q tels que $\mathcal{E}_q$ soit localement libre et que $H^1(X_q, \mathcal{E}_q)$ soit nul : ces conditions entrainent que $H^\circ(X_q, \mathcal{E}_q)$ est de dimension h et que le degré d de $\mathcal{E}_q$ est égal à $h - r(1-g)$.

PROPOSITION 2.- *Dans la situation précédente,* R *est un sous-schéma ouvert lisse de* Q *(donc est le schéma associé à une variété quasi-projective non singulière, définie sur* k *encore notée* R*), pur de dimension* $h^2 + r^2(g-1)$.

Avant de démontrer cette proposition, prouvons le lemme suivant :

LEMME 1.- *L'ensemble des points* z *de* $Q \times X$ *qui n'appartiennent pas au support du sous-faisceau de torsion de* $\mathcal{E}_q$ *, avec* $q = pr_1(z)$ *est un ouvert de* $Q \times X$ *au-dessus duquel* $\mathcal{E}$ *est localement libre de rang* r .

Soit z un tel point de $Q \times X$ et q sa projection sur Q . Par hypothèse il existe un voisinage ouvert U de z dans $Q \times X$ et un morphisme de O_U-modules $u : O_U^h \longrightarrow \mathcal{E}_{Q|U}$ avec la propriété suivante : si Z désigne le sous-schéma fermé $X_q \cap U$ de U , $u \otimes 1_Z : O_Z^h \longrightarrow \mathcal{E}_{q|Z}$ est un isomorphisme. Le support du conoyau de u ne rencontre donc pas Z (lemme de Nakayama) et quitte à restreindre U on peut supposer u surjectif. Vu la platitude de $\mathcal{E}$ sur Q , on a alors $\mathrm{Ker}(u \otimes 1_Z) = (\mathrm{Ker}\, u) \otimes_{O_U} O_Z$ et une nouvelle application du lemme de Nakayama montre que le support de $\mathrm{Ker}\, u$ ne rencontre pas Z . Quitte à restreindre U , on peut donc supposer que u est un isomorphisme, d'où le lemme.

Démontrons maintenant la proposition 2. D'après le lemme 1 et puisque $pr_1 : Q \times X \longrightarrow Q$ est propre, l'ensemble Q' des points q de Q tels que $\mathcal{E}_q$ soit localement libre (nécessairement de rang r) sur X_q est un ouvert. D'après la semi-continuité supérieure de la dimension de $H^1(X_q, \mathcal{E}_q)$ (cf. [Ha] , p.288), l'ensemble R des points q de Q' pour lesquels on a $H^1(X_q,\mathcal{E}_q) = 0$ (et donc $\dim H^\circ(X_q,\mathcal{E}_q) = h$) est ouvert dans Q . D'après l'étude différentielle de Q faite par Grothendieck (cf [Gr]) il suffit pour démontrer qu'un point q de R est un point lisse de Q de démontrer que $H^1(X_q,\mathcal{H}om(\mathcal{K}_q,\mathcal{E}_q)) = 0$ en notant $\mathcal{K}_q$ le noyau du morphisme $\mathcal{F}_q \longrightarrow \mathcal{E}_q$. Mais $\mathcal{H}om(\mathcal{K}_q,\mathcal{E}_q)$ est un quotient de $\mathcal{H}om(\mathcal{F}_q,\mathcal{E}_q)$, qui est isomorphe à $\mathcal{E}_q^h$, et $H^1(X_q,\mathcal{E}_q)$ est nul par hypothèse. Pour finir l'espace tangent à Q en q , s'identifie (loc.int.) à $H^\circ(X_q,\mathcal{H}om(\mathcal{K}_q,\mathcal{E}_q))$, donc est de dimension égale à

$$\deg(\mathcal{H}om(\mathcal{K}_q,\mathcal{E}_q)) + (1-g)\, rg(\mathcal{H}om(\mathcal{K}_q,\mathcal{E}_q))$$

d'après le théorème de Riemann Roch. Or on a (cf I,1, exemple)

$$rg(\mathcal{K}_q) = h-r \quad rg(\mathcal{E}_q) = r \quad rg(\mathcal{H}om(\mathcal{K}_q,\mathcal{E}_q)) = r(h-r)$$

$$\deg(\mathcal{K}_q) = -d \quad \deg(\mathcal{E}_q) = d \quad \deg(\mathcal{H}om(\mathcal{K}_q,\mathcal{E}_q)) = d.r + d(h-r)$$

et par suite

$$\dim H^\circ(X_q,\mathcal{H}om(\mathcal{K}_q,\mathcal{E}_q)) = dh + (1-g)\, r\, (h-r) = h^2 + r^2(g-1) \quad ,$$

ce qui achève la démonstration.

4.- Construction de la variété des modules de fibrés stables

Compte tenu de la technicité de la construction, j'ai jugé préférable d'en exposer dans ce numéro le principe, et d'énoncer le résultat final, quitte à reporter aux numéros suivants les points délicats.

Nous supposerons désormais que le genre g de X est ≥ 1 (lorsque X est de genre 0, i.e isomorphe à $\mathbb{P}^1$, tout fibré est somme directe de fibrés de rang 1 et ceux-ci sont de la forme O(n) de sorte que la situation est parfaitement claire).

Nous nous donnons des entiers $r \geq 1$, $d \in \mathbb{Z}$, et un fibré en droites L sur X de degré 1. Nous notons $\mathcal{M}_{r,d}$ (resp. $\mathcal{M}^{ss}_{r,d}$; resp. $\mathcal{M}^{s}_{r,d}$) la catégorie des fibrés (resp. des fibrés semi-stables ; resp. des fibrés stables) sur X de degré d et de rang r et cherchons à paramétriser les classes d'isomorphisme dans $\mathcal{M}^{s}_{r,d}$ par les points d'une variété quasi-projective. Comme $E \longrightarrow E \otimes L^n$ est une équivalence de catégories entre $\mathcal{M}_{r,d}$ et $\mathcal{M}_{r,d+n}$ préservant le caractère semi-stable ou stable d'un fibré , il nous suffit de traiter le problème lorsque d est grand devant r . En fait, il nous suffira de supposer dans la suite que l'on a

(1) $\qquad d > (2g-1)r$.

Nous poserons $h = d + r(1-g)$ de sorte que (1) s'écrit $h > rg$ et que l'on a $\chi(X,E) = h$ pour tout $E \in \mathcal{M}_{r,d}$.

Première étape : schéma de Hilbert et fibrés semi-stable

Nous avons décrit au n°3 un schéma projectif Q sur k dont les points fermés paramétrisent les quotients cohérents de O_X^h de polynôme de Hilbert égal à $h+rT$. Si q est un point fermé de Q, nous noterons $\mathcal{E}_q$ le quotient cohérent correspondant de O_X^h et $u_q : O_X^h \to \mathcal{E}_q$ la surjection canonique.
Nous avons également construit (cf. n°3, prop.2) une variété quasi-projective R, dont le schéma associé est un sous-schéma ouvert de Q, et dont les points paramétrisent les quotients de O_X^h, localement libres de rang r, dont le premier groupe de cohomologie est nul et dont l'espace des sections régulières est de dimension h.
Nous noterons R^{ss} (resp. R^s) l'ensemble des points q de R tels que $\mathcal{E}_q$ soit semi-stable (resp. stable) *et que l'application linéaire* $H^\circ(u_q) : k^h \to H^\circ(X_q, \mathcal{E}_q)$ *soit bijective* (cette condition n'est en général pas conséquence des précédentes).
Le groupe $GL_h(k)$ agit sur O_X^h. On en déduit une action du groupe algébrique PGL_h sur la variété R, et R^{ss} et R^s sont stabilisés par PGL_h.
Nous allons vérifier que *les classes d'isomorphisme dans* $\mathcal{M}^{ss}_{r,d}$ (resp. $\mathcal{M}^{s}_{r,d}$) *correspondant bijectivement de façon naturelle aux orbites de* R^{ss} (resp. R^s) *sous l'action de* PGL_h.

Remarquons pour cela que la classe d'isomorphisme du O_X-module localement libre $\mathcal{E}_q$ ne dépend que de l'orbite de q et que si $q \in R^{ss}$ (resp. R^s) alors $\mathcal{E}_q$ est semi-stable (resp. stable) par définition de R^{ss} (resp. R^s).
Inversement soit un O_X-module localement libre semi-stable (resp. stable) de rang r et degré d. Compte tenu de l'hypothèse (1) et de la prop. 1 du n°2, il existe un morphisme surjectif $u : O_X^h \to \mathcal{E}$ tel que $H^\circ(u) : k^h \to H^\circ(X,\mathcal{E})$ soit un isomorphisme, et compte tenu de cette dernière condition, deux tels morphismes diffèrent par composition avec un élément de $GL_h(k)$ agissant sur O_X^h. Ainsi $\mathcal{E}$ correspond à une orbite bien déterminée de R^{ss} (resp. R^s) sous l'action de PGL_h.

Deuxième étape : construction d'un morphisme q de R dans un produit Z de grassmanniennes.

Choisissons un entier N suffisamment grand ; en fait pour la suite il nous suffira que l'on ait

(2) $$N > hdr .$$

Choisissons N points $x_1,\dots,x_N$ distincts de X.

Le "module universel" $\mathcal{E}_Q$ sur $Q \times X$ induit sur $R \times X$ un quotient de $O^h_{R\times X}$, localement libre de rang r (n°3, lemme 1), et à une telle structure sur $R \times X$ est associée un morphisme de variété Ψ de $R \times X$ dans la grassmannienne $G_r(k^h)$ des quotients de k^h de dimension r . On notera φ_i le morphisme $q \longmapsto \Psi((q,x_i))$ de R dans $G_r(k^h)$ et φ le morphisme $q \longmapsto (\varphi_i(q))_{1\leq i\leq N}$ de R dans $Z = G_r(k^h)^N$. Bien entendu, PGL_h agit sur Z et φ est PGL_h-équivariante.

Remarque : Compte tenu du lemme 1 du n°3, φ_i s'étend en un morphisme de schémasde Q_{x_i} dans $Gr(k^h)$ en notant Q_{x_i} l'ouvert de Q formé des $q \in Q$ tels que $\mathcal{E}_q$ soit localement libre au voisinage de $\mathrm{Spec}\, k(q) \times \mathrm{Spec}\, k(x_i)$.

Troisième étape : *lien entre* R^{ss}(resp. R^s) *et les points semi-stables* (resp. *stables*) *de* Z .

Commençons par énoncer le résultat (dont la démonstration utilise de façon essentielle le fait que N est "suffisamment grand" :

PROPOSITION 3.- : *L'ensemble* R^{ss} (resp. R^s) *est l'image réciproque par* φ *de l'ensemble* Z^{ss} (resp. Z^s) *des points semi-stables* (resp. *stables*) *de* Z *au sens de* II,n°4. *En particulier* R^{ss} *et* R^s *sont des sous-variétés ouvertes de* R . *La restriction de* φ *à* R^{ss} *est une immersion fermée de* R^{ss} *dans* Z^{ss} .

Le plan de la démonstration est le suivant

a) *on démontre que l'on a* $\varphi(R^{ss}) \subset Z^{ss}$ et $\varphi(R^s) \subset Z^s$: c'est l'objet du n°5.

b) *on démontre que tout point fermé de* $Q \times Z^{ss}$ (resp. $Q \times Z^s$) *qui dans* $Q \times Z$ *est adhérent au graphe du morphisme* $\varphi : R \to Z$, *appartient à* $R^{ss} \times Z^{ss}$ (resp. $R^s \times Z^s$) : c'est l'objet du n°6.

On déduit de a) et b) que $\varphi^{-1}(Z^{ss})$ est égal à R^{ss} et $\varphi^{-1}(Z^s)$ à R^s, donc que R^{ss} et R^{ss} sont des sous-variétés ouvertes de R , et d'autre part que la restriction de φ à R^{ss} est un morphisme propre de R^{ss} dans Z^{ss} (puisque le graphe de ce morphisme est fermé dans $Q \times Z^{ss}$ et que la projection de $Q \times Z^{ss}$ sur Z^s est un morphisme propre).

c) *on démontre que la restriction de* φ *à* R^{ss} *est injective et qu'en tout point* q *de* R^{ss} *l'application linéaire tangente à* φ *en* q *est injective :* c'est l'objet du n°7.

Compte tenu de la propreté démontrée en b), φ induit donc un homéomorphisme de R^{ss} sur une partie fermée de Z^{ss} et est une immersion locale en chaque point, donc est une immersion fermée.

Quatrième étape : Conclusion

Compte tenu de la prop. 3 et des résultats de II (en particulier le théorème 2 de II, n°3), on obtient le résultat suivant :

THEOREME 2.- : *La variété* R^{ss} *admet un bon quotient par* PGL_h *qui est une variété projective. Notons le* M^{ss} . *Il existe une sous-variété ouverte* M^s *de* M^{ss} *dont l'image réciproque dans* R^{ss} *est* R^s ; *la variété* M^s *est un quotient géométrique de* R^s : *en particulier les points de* M^s *paramétrisent (de façon biunivoque) les classes d'isomorphisme de fibrés vectoriels stables sur* X , *de degré* d *et rang* r .

5.- Démonstration des inclusions $\varphi(R^{ss}) \subset Z^{ss}$ et $\varphi(R^s) \subset Z^s$

Soit q un point de R^{ss} (resp. R^s) et D un sous-espace propre et non nul de l'espace vectoriel k^h . Au quotient $\mathcal{E}_q$ de O_X^h est associé un fibré quotient E_q du fibré trivial $X \times k^h$ de rang h. Pour prouver que $\varphi(q)$ est semi-stable (resp. stable) il convient de démontrer l'inégalité

$$(3) \qquad \frac{1}{N} \sum_{i=1}^{N} \frac{\dim(D_i)}{\dim(D)} \geq \frac{r}{h} \quad (\text{resp.} > \frac{r}{h})$$

en notant D_i l'image de D dans la fibre de E_q en x_i (III,n°4,th.3).

Notons $\mathcal{D}$ le sous-module de $\mathcal{E}_q$ engendré par les images des sections de O_X^h correspondant aux éléments de D , et $\tilde{\mathcal{D}}$ le plus petit sous O_X-module de $\mathcal{E}_q$, localement facteur direct de $\mathcal{E}_q$, contenant $\mathcal{D}$ (cf. I,n°2). Si x_i n'appartient pas au support de $\tilde{\mathcal{D}}/\mathcal{D}$, on a $\dim(D_i) = rg(\tilde{\mathcal{D}})$. Cherchons donc une majoration du cardinal de ce support. Remarquons tout d'abord que $\deg(\mathcal{D})$ est positif car $\mathcal{D}$, et à fortiori $\det(\mathcal{D})$, est engendré par ses sections ; d'autre part, $\deg(\tilde{\mathcal{D}})$ est majoré par $\frac{rg(\tilde{\mathcal{D}})d}{r}$, et à fortiori par d , car $\mathcal{E}_q$ est semi-stable. Ainsi donc on a :

$$(4) \quad \mathrm{Card}(\mathrm{Supp}(\tilde{\mathcal{D}}/\mathcal{D})) \leq \dim(H^\circ(X,\tilde{\mathcal{D}}/\mathcal{D})) = \chi(\tilde{\mathcal{D}}/\mathcal{D}) = \chi(\tilde{\mathcal{D}}) - \chi(\mathcal{D}) = \deg\tilde{\mathcal{D}} - \deg\mathcal{D} \leq d$$

et il résulte de ce qui précède et de l'hypothèse (2) la minoration

$$(5) \quad \frac{1}{N} \sum_{i=1}^{N} \frac{\dim(D_i)}{\dim(D)} \geq \frac{N-d}{N} \frac{rg(\tilde{\mathcal{D}})}{\dim(D)} \geq \frac{rg(\tilde{\mathcal{D}})}{\dim(D)} - \frac{dr}{N\dim(D)} > \frac{rg(\tilde{\mathcal{D}})}{\dim(D)} - \frac{1}{h\dim(D)}$$

Or on sait déjà, d'après le cor. 1 à la prop. 1 du n°2, que

$$(6) \quad \frac{rg(\tilde{\mathcal{D}})}{\dim(D)} \geq \frac{rg(\tilde{\mathcal{D}})}{\dim(H^\circ(X,\mathcal{D}))} \geq \frac{rg(\tilde{\mathcal{D}})}{\dim(H^\circ(X,\tilde{\mathcal{D}}))} \geq \frac{rg(\mathcal{E}_q)}{\dim H^\circ(X,\mathcal{E}_q)} = \frac{r}{h}$$

Distinguons deux cas :

a) On a $\frac{rg(\tilde{\mathcal{D}})}{\dim(D)} > \frac{r}{h}$ et par suite $\frac{rg(\tilde{\mathcal{D}})}{\dim(D)} \geq \frac{r}{h} + \frac{1}{h\dim(D)}$. Dans ce cas (3) résulte de (5) .

b) On a $\frac{rg(\tilde{\mathcal{D}})}{\dim(D)} = \frac{r}{h}$. Dans ce cas les inégalités de (6) sont des égalités. On en déduit tout d'abord que l'injection canonique $D \to H^\circ(X,\tilde{\mathcal{D}})$ est bijective et ensuite, vu la remarque du n°2, que $\mathcal{E}_q$ n'est pas stable, que $\tilde{\mathcal{D}}$ est semi-stable de même pente que $\mathcal{E}_q$, donc engendré par ses sections (n°2, prop.1). Ainsi $\tilde{\mathcal{D}}$ est égal à $\mathcal{D}$, le support de $\tilde{\mathcal{D}}/\mathcal{D}$ est vide, on a $\dim(D_i) = rg(\tilde{\mathcal{D}})$

pour tout $i \leq N$, et (3) en résulte.

6.- <u>Tout point fermé de</u> $Q \times Z^{ss}$ (resp. $Q \times Z^{s}$) <u>qui dans</u> $Q \times Z$ <u>est adhérent au graphe du morphisme</u> $\varphi : R \longrightarrow Z$ <u>appartient</u> à $R^{ss} \times Z^{ss}$ (resp. $R^{s} \times Z^{s}$) .

Soit z un tel point de $Q \times Z^{ss}$, (resp. $Q \times Z^{s}$), $q \in Q$ sa première projection et $(F_1,\dots,F^N) \in Z$ $(=(Gr_r(k^h))^N)$ sa deuxième projection. Notons $\mathcal{E}_q$ le quotient cohérent de O_X^h correspondant à q , $\mathcal{T}_q$ le sous-faisceau de torsion de $\mathcal{E}_q$, et $\mathcal{E}'_q$ le O_X-module localement libre $\mathcal{E}_q/\mathcal{T}_q$.

<u>LEMME 2</u>.- : *Le degré* d' *de* $\mathcal{E}'_q$ *est compris entre* 0 *et* d . *On a* $\dim(H^\circ(X,\mathcal{T}_q)) = d - d'$ *et en particulier le cardinal du support de* $\mathcal{T}_q$ *est inférieur à* d .

Puisque $\mathcal{E}_q$ et à fortiori $\mathcal{E}'_q$ est engendré par ses sections, on a $d' \geq 0$. D'autre part on a $\dim(H^\circ(X,\mathcal{T}_q)) = \chi(\mathcal{T}_q) = \chi(\mathcal{E}_q) - \chi(\mathcal{E}'_q) = d - d'$, d'où le lemme.

Soit D un sous-espace vectoriel non nul de k^h . Pour tout $i \leq N$ tel que x_i n'appartienne pas au support de $\mathcal{T}_q$, i.e tel que, au voisinage de x_i , $\mathcal{E}_q$ soit localement libre de rang r, le quotient F_i de k^h s'identifie à la fibre en x_i du fibré E'_q associé à $\mathcal{E}'_q$: ceci résulte en effet de la remarque faite dans la première étape du n°4.

Pour un tel i , l'image D_i de D dans F_i est de dimension inférieure au rang du sous-fibré H de E'_q engendré par D . Ainsi on a :

$$(7) \quad \frac{rg(H)}{\dim(D)} \geq \frac{1}{N} \sum_{i=1}^{N} \frac{\dim(D_i)}{\dim(D)} - \frac{r\,Card(Supp(\mathcal{T}))}{N\dim(D)} \geq \frac{r}{h} - \frac{rd}{N\dim(D)}$$

en utilisant l'hypothèse "$(F_1,\dots,F_N)$ est semi-stable" et sa traduction établie en III,n°4,th.3. Comme $\frac{rd}{N\dim(D)}$ est strictement inférieur à $\frac{1}{h\dim(D)}$ vu l'hypothèse (2) faite sur N , on déduit de l'inégalité précédente

$$(8) \quad \frac{rg(H)}{\dim(D)} \geq \frac{r}{h} .$$

a) en appliquant ceci au cas où $\dim(D) = 1$, on voit que l'application linéaire $H^\circ(X,O_X^h) \longrightarrow H^\circ(X,\mathcal{E}'_q)$ est injective.

b) Montrons que $H^1(X,\mathcal{E}'_q)$ est nul : si ce n'était pas le cas il existerait en vertu du théorème de dualité de Serre un morphisme non nul v de $\mathcal{E}'_q$ dans Ω . Prenons pour D l'ensemble des éléments de $k^h = H^\circ(X,O_X^h)$ dont l'image dans $H^\circ(X,\mathcal{E}'_q)$ appartient au noyau de $H^\circ(X,v)$. Avec les notations introduites dans (8) on a $rg(H) \leq r-1$ car v est non nul et $\dim(D) \geq \dim H^\circ(X,O_X^h) - \dim H^\circ(X,\Omega) = h-g$, d'où

$$\frac{r-1}{h-g} \geq \frac{r}{h} \quad \text{i.e } h \leq gr$$

ce qui contredit l'inégalité (1) et est absurde

c) On a $h = \chi(\mathcal{E}_q) = \chi(\mathcal{E}'_q) + \chi(\mathcal{T}_q)$. Or d'après b) et a), on a $\chi(\mathcal{E}'_q) = \dim H^\circ(X,\mathcal{E}'_q) \geqq h$, et d'autre part on a $\chi(\mathcal{T}_q) = \dim H^\circ(X,\mathcal{T}_q) \geqq 0$ car $\mathcal{T}_q$ est à support fini. On déduit de ceci que $H^\circ(X,\mathcal{T}_q)$ est nul, donc que $\mathcal{T}_q$ est nul et $\mathcal{E}_q$ localement libre, égal à $\mathcal{E}'_q$, que $\dim H^\circ(X,\mathcal{E}_q)$ est égal à h et par suite que l'application linéaire injective $H^\circ(X,O_X^h) \longrightarrow H^\circ(X,\mathcal{E}_q)$ est bijective, que $H^1(X,\mathcal{E}_q)$ est nul et par suite que q appartient à R .

d) Il reste à montrer que $\mathcal{E}_q$ est semi-stable (resp. stable). Maintenant que nous savons que $\mathcal{T}_q$ est nul, la première inégalité de (7), jointe au critère de semi-stabilité (resp. de stabilité) de III, n°4, th. 3, s'écrit :

(9) $$\frac{rg(H)}{\dim(D)} \geqq \frac{r}{h} \qquad (\text{resp.} > \frac{r}{h}) \ .$$

Si D est un sous-espace vectoriel de k^h distinct de 0 et k^h .

Soit F un sous-fibré de E_q , distinct de 0 et E_q et prenons pour D l'image inverse de $H^\circ(X,F)$ par la bijection $H^\circ(X,O_X^h) \longrightarrow H^\circ(X,\mathcal{E}_q)$ (cf.c)). Alors H est un sous-fibré de F de sorte que l'on a $rg(H) \leqq rg(F)$, et on a $\dim(D) = \dim H^\circ(X,F) \geqq \chi(F)$. Ainsi (9) implique que $\mu(F) = \frac{\chi(F)}{rg(F)} + g - 1$ est inférieur (resp. strictement inférieur) à $\frac{h}{r} + g - 1 = \frac{d}{r} = \mu(E_q)$, c'est-à-dire que E_q est semi-stable (resp. stable).

7.- <u>La restriction de φ à R^{ss} est injective et l'application linéaire tangente à φ en un point q de R^{ss} est injective</u>.

Soient q et q' deux points de R^{ss} tels que $\varphi(q) = \varphi(q')$, $u_q : O_X^h \longrightarrow \mathcal{E}_q$ et $u_{q'} : O_X^h \longrightarrow \mathcal{E}_{q'}$ les morphismes surjectifs correspondants, $\mathcal{H}_q$ et $\mathcal{H}_{q'}$ les noyaux de u_q et $u_{q'}$ et $v : \mathcal{H}_q \longrightarrow \mathcal{E}_{q'}$ la restriction de $u_{q'}$ à $\mathcal{H}_q$. L'hypothèse $\varphi(q) = \varphi(q')$ signifie que v est une section de $\mathcal{H}om(\mathcal{H}_q,\mathcal{E}_{q'})$ qui s'annule aux points x_i $(1 \leqq i \leqq N)$. En tant que quotient de $\mathcal{H}om(O_X^h,\mathcal{E}_{q'}) = \mathcal{E}_{q'}^{\,h}$, et à fortiori de $O_X^{h^2}$, $\mathcal{H}om(\mathcal{H}_q,\mathcal{E}_{q'})$ est engendré par ses sections et par conséquent, si v est non nulle, il existe aussi une section non nulle de $\det(\mathcal{H}om(\mathcal{H}_q,\mathcal{E}_{q'}))$, qui s'annule aux points x_i $(1 \leqq i \leqq N)$, d'où

$$N \leqq \deg(\mathcal{H}om(\mathcal{H}_q,\mathcal{E}_{q'})) = d(h-r) + dr = dh \ ,$$

ce qui contredit (2). Ainsi v est nul, $\mathcal{H}_q$ contenu dans $\mathcal{H}_{q'}$, et de même $\mathcal{H}_{q'}$ contenu dans $\mathcal{H}_q$, d'où $q = q'$. Ceci prouve que φ est injective. L'application linéaire tangente à φ en q s'identifie à l'homomorphisme d'évaluation

$$H^\circ(X,\mathcal{H}om(\mathcal{H}_q,\mathcal{E}_q)) \longrightarrow \prod_{i=1}^{N} \mathrm{Hom}(\mathcal{H}_q \otimes_{O_X} k(x_i) \ , \ \mathcal{E}_q \otimes_{O_X} k(x_i))$$

et le raisonnement précédent (avec $q = q'$) montre qu'il est injectif. Ceci achève la démonstration.

IV.- INDICATIONS BIBLIOGRAPHIQUES

Le lecteur intéressé par les fibrés vectoriels stables consultera avec profit les trois références suivantes :

1) "Fibrés vectoriels sur les courbes algébriques", de C.S Seshadri, rédigé par J.M Drézet, publié dans Astérisque, vol. 96, 1982.

On y trouve divers compléments à cet article : existence dans certains cas de "fibrés universels" sur les variétés M^s , étude de ces variétés du point de vue algébrique et topologique, désingularisation des variétés M^{ss} , construction des variétés de modules pour les fibrés munis de structures supplémentaires, généralisation des notions précédentes au cas des courbes algébriques singulières, etc ...

En outre, ce livre comporte une bibliographie bien fournie concernant les fibrés stables et semi-stables sur les courbes.

2) "Geometric Invariant Theory", de D. Mumford et J. Fogarty (Second Enlarged Edition), Springer Verlag, Berlin-Heidelberg - New-York, 1982, Appendice C au chapitre 5, où l'on trouvera un résumé des résultats, techniques utilisées et applications de la théorie des fibrés vectoriels stables et semi-stables sur les variétés algébriques (non nécessairement de dimension 1), avec de nombreuses références bibliographiques.

3) On trouvera enfin, comme complément à 2), un rapport de Barth sur les développements récents de la théorie, exposé au congrès international des mathématiciens de Varsovie en 1983, et à paraître dans les actes de ce congrès.

B I B L I O G R A P H I E

[Gr] A. GROTHENDIECK - *Techniques de construction et théorèmes d'existence en géométrie algébrique*, IV : les schémas de Hilbert, exposé n°212 du Séminaire Bourbaki, Mai 1961.

[Ha] R. HARTSHORNE - *Algebraic Geometry, Graduate Texts in Mathematics*, Springer-Verlag, 1977.

[Mu-Fo] D. MUMFORD and J. FOGARTY - *Geometric Invariant Theory*, Second Enlarged Edition, Ergebnisse der Mathematik und ihrer Grenzgebiete, Springer-Verlag, 1982.

Exposé n°3

COHOMOLOGIE DU GROUPE DE JAUGE

J.M DREZET

Soit M une surface de Riemann de genre g , E un fibré vectoriel topologique de rang $r \geq 2$ sur M . On appelle *groupe de jauge* le groupe des automorphismes continus de E , muni de la topologie compacte-ouverte. On le note G_E .

On se propose de calculer les groupes de cohomologie entière de BG_E , le classifiant de G_E . On démontrera le

THEOREME 1.- *La cohomologie entière de* BG_E *est libre de type fini en chaque degré, et la série de Poincaré de* BG_E *est donnée par*

$$P(BG_E) = \frac{\prod_{i=1}^{r} (1 + X^{2i-1})^{2g}}{(1 - X^{2r}) . \prod_{i=1}^{r-1} (1 - X^{2i})^2}$$

Certains résultats seront valables plus généralement pour un fibré vectoriel E de rang r sur un CW-complexe fini X . En particulier, on peut calculer la série de Poincaré de BG_E (Théorème 3 de II).

On commencera dans la première partie en montrant que BG_E est l'espace $Map_E(X,BGL(r))$, qui est la composante définie par E de l'espace des applications continues $X \longrightarrow BGL(r)$.

Dans la seconde partie, on calcule la série de Poincaré $P(BG_E)$.

Dans la troisième partie, on montre que la cohomologie entière de BG_E est sans torsion, dans le cas où $X = M$.

I.- DETERMINATION DE BG_E

a) Le classifiant de $GL(r,\mathbb{C})$

Soit H un espace de Hilbert complexe séparable, $Gr^r(H)$ la grassmannienne des sous-espaces vectoriels fermés de H de codimension r. Soit $S(H)$ la sphère unité de H. On munit $Gr^r(H)$ de la métrique d définie par
$\rho(P,P') = \mathrm{Sup}(\mathrm{Inf}(\|x'-x\|,\ x \in P \cap S(H)),\ x' \in P' \cap S(H))$, et
$d(P,P') = \mathrm{Sup}(\rho(P,P'), \rho(P',P))$, pour tous P,P' dans $Gr^r(H)$.

Soit U le sous-fibré universel du fibré vectoriel $Gr(H)\times H$. Pour tout point P de $Gr^r(H)$ on a $U_P = P$. On note Q le fibré $(Gr^r(H)\times H)/U$. Pour tout point P de $Gr^r(H)$ on a $Q_P = H/P$.

Soit $s(H,\mathbb{C}^r)$ l'ouvert de l'espace de Hilbert $\mathcal{L}(H,\mathbb{C}^r)$ constitué des applications surjectives. On considère l'application

$$p : S(H,\mathbb{C}^r) \longrightarrow Gr^r(H)$$
$$\varphi \longmapsto Ker(\varphi) .$$

On montre aisément que c'est un fibré principal de groupe structural $GL(r,\mathbb{C})$.

THEOREME 2.- *Le fibré principal*

$$p : S(H,\mathbb{C}^r) \longrightarrow Gr^r(H)$$

est universel.

D'après [Do] il suffit de vérifier que $S(H,\mathbb{C}^r)$ est contractile.

LEMME 3.- *La sphère* $S(H)$ *est faiblement contractile.*

Ce qui signifie que $\pi_i(S(H)) = 0$ pour $i \geq 1$. Soit $(e_i)_{i\in\mathbb{N}}$ une base hilbertienne de H. Relativement à cette base, $S(H)$ est l'ensemble des suites $(x_i)_{i\in\mathbb{N}}$ de nombres complexes telles que $\sum_{i\in\mathbb{N}} |x_i^2| = 1$. Pour tout $n \in \mathbb{N}$, soit

$$U_n = \{(x_i)_{i\in\mathbb{N}} \in S(H),\ \sum_{i>n} |x_i|^2 < \frac{1}{2}\} .$$

C'est un ouvert de $S(H)$ qui a le type d'homotopie de la sphère S_{2n-1} : on identifie S_{2n-1} au fermé $\{(x_i)_{i\in\mathbb{N}} \in S(H),\ x_i = 0 \text{ si } i > n\}$ de $S(H)$. Pour tout $x \in S(H)$, $x = (x_i)_{i\in\mathbb{N}}$, on pose $x' = (x_o,\ldots,x_n,0,\ldots)$, $x'' = (0,\ldots,0,x_{n+1},\ldots)$. On a $x = x' + x''$.

Si $h_o : U_n \longrightarrow S_{2n-1}$

$$x \longmapsto \left(\frac{1}{1-\|x''\|^2}\right)^{1/2} x' ,$$

on a $h_o|_{S_{2n-1}} = Id_{S_{2n-1}}$, et il suffit de trouver une homotopie entre h_o et $Id_{S(H)}$.

C'est simplement

$$h_t : U_n \longrightarrow U_n$$

$$x \longmapsto \left(\frac{1 - t^2 \;\|x''\|^2}{1 - \|x''\|^2}\right)^{1/2} \cdot x' + t.x'' \quad .$$

On a

$$\bigcup_{n \in \mathbb{N}} U_n = S(H) \quad ,$$

et la suite $(U_n)_{n\in\mathbb{N}}$ est croissante. Par conséquent, pour tout compact K de $S(H)$ il existe un entier $n_\circ$ tel que pour tout $n \geqq n_\circ$ on ait $K \subset U_n$.

Soit $k \geqq 1$ un entier, et

$$\gamma : S_k \longrightarrow S(H)$$

une application continue. Alors $\gamma(S_k)$ est compact, donc il existe un entier $n > k$ tel que $\gamma(S_k) \subset U_n$. Puisque U_n a le type d'homotopie de S_{2n-1} , on a $\pi_k(U_n) = 0$, donc γ est homotope à une application constante. On en déduit que $\pi_k(S(H)) = 0$, ce qui démontre le lemme 3.

LEMME 4.- *L'espace* $S(H,\mathbb{C}^r)$ *est faiblement contractile.*

Soit $f : \mathbb{C}^r \longrightarrow \mathbb{C}^{r-1}$

$$(x_1,\dots,x_r) \longmapsto (x_1,\dots,x_{r-1}) \quad .$$

Cette application linéaire surjective définit un fibré localement trivial

$$p : S(H,\mathbb{C}^r) \longrightarrow S(H,\mathbb{C}^{r-1})$$

$$\varphi \longmapsto f \circ \varphi \quad .$$

Soit $g \in S(H,\mathbb{C}^{r-1})$, L un sous-espace vectoriel de H supplémentaire de $\mathrm{Ker}(g)$. Alors $p^{-1}(g)$ s'identifie à $L^* X (\mathrm{Ker}(g)^* \setminus \{0\})$, qui a le type d'homotopie de $S(\mathrm{Ker}(g)^*)$, qui est contractile d'après le lemme 3. Il en découle d'après la suite exacte d'homotopie de p , que $S(H,\mathbb{C}^r)$ est faiblement contractile si $S(H,\mathbb{C}^{r-1})$ l'est. Il suffit donc de démontrer le lemme 4 pour $r = 1$. Or $S(H,\mathbb{C}) = H^* \setminus \{0\}$ a le type d'homotopie de $S(H)$ qui est faiblement contractile d'après le lemme 3. Ceci démontre le lemme 4.

Le théorème 2 est maintenant une conséquence du

LEMME 5.- *Soit* U *un ouvert faiblement contractile d'un espace de Banach* E . *Alors* U *est contractile.*

On recouvre U par des boules $B_i = B(z_i,\varepsilon_i)$, $i \in I$, avec $B(z_i, 3.\varepsilon_i) \subset U$. Soit $(\eta_i)_{i\in I}$ une partition de l'unité subordonnée au recouvrement $(B_i)_{i\in I}$. Soit, pour $t \in [0,1]$

$$h_t : U \longrightarrow E$$
$$z \longmapsto (1-t).z + t \sum_{i\in I} \eta_i(z).z_i \quad .$$

Alors $h_t(U) \subset U$: soit $z \in U$, $j \in I$ tel que ε_j soit maximal dans l'ensemble des ε_i tels que $\eta_i(z) \neq 0$. Alors on a

$$\|h_t(z) - z_j\| \leq (1-t).\|z - z_j\| + t.\|\sum_{i\in I} \eta_i(z).(z_i - z_j)\| \quad .$$

Si $\eta_i(z) \neq 0$, $B_i \cap B_j \neq \emptyset$, donc

$$\|z_i - z_j\| < 2.\varepsilon j \quad ,$$

donc $$\|h_t(z) - z_j\| < 3.\varepsilon_j \quad ,$$

et puisque $B(z_j, 3.\varepsilon_j) \subset U$, on a $h_t(z) \in U$.

Soit N le polyèdre dont les sommets sont les éléments de I , les simplexes les parties finies S de I telles que

$$\bigcap_{i\in S} \eta_i^{-1}(]0,1]) \neq \emptyset \quad .$$

(On appelle N le "nerf" du recouvrement $(\eta_i^{-1}(]0,1]))_{i\in I})$.

Alors h_1 est la composée

$$U \xrightarrow{u} N \xrightarrow{v} U \quad ,$$

où $$u(z) = \sum_{i\in I} \eta_i(z).i \quad ,$$

$$v(\sum_{i\in S} t_i.i) = \sum_{i\in S} t_i.z_i \quad .$$

On a $v(N) \subset U$: soit S un simplexe de N , alors $\bigcap_{i\in S} B_i \neq 0$. Soit $z \in \bigcap_{i\in S} B_i$. Alors

$$\|z - \sum_{i\in S} t_i \cdot z_i\| \leq \|\Sigma\, t_i.(z - z_i)\| \leq \operatorname{Max}_{i\in S} \varepsilon_i \quad ,$$

donc $v(\sum_{i\in S} t_i.i)$ est dans un des B_i , donc dans U .

Puisque U est faiblement contractile, l'application v est homotope à une constante, d'après [Sp] , p. 405, Cor. 2.3.

Donc h_1 , qui est homotope à $h_\circ = Id_U$, est homotope à une application constante, ce qui démontre le lemme 5.

On va maintenant calculer la cohomologie entière de $BGL(r,\mathbb{C}) = Gr^r(H)$.

<u>THEOREME 6</u>.- *Soient* $c_1,\ldots,c_r$ *les classes de Chern du fibré quotient universel* Q *sur* $Gr^r(H)$. *Alors l'homomorphisme canonique*

$$\mathbb{Z}[c_1,\ldots,c_r] \longrightarrow H^*(Gr^r(H),\mathbb{Z})$$

est un isomorphisme.

Pour tout entier $n>r$ soit H_n le sous-espace vectoriel de H engendré par $e_o,\dots,e_{n-1}$, L_n l'orthogonal de H_n , $\rho_n : H \longrightarrow H_n$ la projection orthogonale. Alors $\{P \in Gr^r(H), L_n \subset P\}$ s'identifie à $Gr^r(H_n)$. Soit

$$U_n = \{P \in Gr^r(H),\ P + H_n = H\} \quad .$$

C'est un ouvert de $Gr^r(H)$ contenant $Gr^r(H_n)$. On va montrer que l'inclusion $Gr^r(H_n) \longrightarrow U_n$ est une équivalence d'homotopie. Soit $P \in U_n$. Alors $P \cap H_n$ est de dimension $n-r$. On note X_p l'orthogonal de $P \cap H_n$ dans P . Alors la projection orthogonale $\varphi_P : X_p \longrightarrow L_n$ est un isomorphisme. On pose $f_P = \rho_n \circ \varphi_p^{-1} : L_n \longrightarrow H_n$. Soit $\mathcal{L}_c(L_n,H_n)$ l'espace de Banach des applications linéaires continues $L_n \longrightarrow H_n$.

$$\text{Alors} \quad \phi : U_n \longrightarrow Gr^r(H_n) \times \mathcal{L}_c(L_n,H_n)$$

$$P \longrightarrow (P \cap H_n,\ f_P)$$

est un homéomorphisme envoyant $Gr^r(H_n)$ sur $Gr^r(H_n) \times \{0\}$. Il est alors immédiat que l'inclusion $Gr^r(H_n) \longrightarrow U_n$ est une équivalence d'homotopie.

La suite $(U_n)_{n\in\mathbb{N}}$ est croissante et sa réunion est $Gr^r(H)$. On en déduit que pour tout entier $p \geqq 0$ il existe un entier n_o tel que pour tout $n \geqq n_o$, le morphisme

$$H^p(Gr^r(H),\mathbb{Z}) \longrightarrow H^p(Gr^r(H_n),\mathbb{Z})$$

soit un isomorphisme. On utilise le fait que pour n assez grand

$$H^p(Gr^r(H_{n+1}),\mathbb{Z}) \longrightarrow H^p(Gr^r(H_n),\mathbb{Z})$$

est un isomorphisme. Le théorème 6 et ce dernier résultat découlant de la Prop. 12.17 de [Do2] : Soit Q_n le fibré quotient universel sur $Gr^r(H_n), c_1,\dots,c_r$ ses classes de Chern. Alors l'homomorphisme canonique

$$\mathbb{Z}[c_1,\dots,c_r] \longrightarrow H^*(Gr^r(H_n),\mathbb{Z})$$

est un isomorphisme en degrés $\leqq 2.(n-r)$.

b) Le classifiant de G_E

Soit $S(X\times H,E)$ l'ensemble des morphismes de fibrés vectoriels topologiques $X\times H \longrightarrow E$, muni de la topologie compacte-ouverte. Sur $S(X\times H,E)$ le groupe G_E opère librement et $S(X\times H,E)/G_E$ s'identifie à l'ensemble des sous-fibrés vectoriels $F \subset X\times H$ tel que $X\times H/F$ soit isomorphe à E . Soit

$$\varphi : X\times H \longrightarrow E$$

un morphisme surjectif. On en déduit

$$f_\varphi : X \longrightarrow Gr^r(H)$$
$$x \longrightarrow Ker(\varphi_x) \quad ,$$

et $f_\varphi^*(Q)$ est isomorphe à E . Puisque $Gr^r(H) = BGL(r,C)$, la classe d'homotopie de f_φ ne dépend que de E . On la note x_E . Soit $Map(X,Gr^r(H))$ l'espace

des applications continues $X \longrightarrow Gr^r(H)$, muni de la topologie compacte-ouverte. L'ensemble de ses composantes connexes est $[X, Gr^r(H)]$. On note $Map_E(X, Gr^r(H))$ la composante connexe de $Map(X, Gr^r(H))$ définie par x_E. C'est simplement l'ensemble des applications continues $f : X \longrightarrow Gr(H)$ telles que $[f] = x_E$.
On vérifie aisément que l'application G_E-invariante

$$p : S(X \times H, E) \longrightarrow Map_E(X, Gr^r(H))$$

$$\varphi \longmapsto f_\varphi$$

est continue, et induit un isomorphisme

$$S(X \times H, E)/G_E \simeq Map_E(X, Gr^r(H)) .$$

THEOREME 7.- *L'application*

$$p : S(X \times H, E) \longrightarrow Map_E(X, Gr^r(H))$$

est un G_E *fibré principal universel.*

On en déduit que $BG_E = Map_E(X, Gr^r(H))$.

Remarquons d'abord que $Map_E(X, Gr^r(H))$ est paracompact, car métrisable. On va d'abord montrer que p a des sections locales.

Soit $f_\circ \in Map_E(X, Gr^r(H))$, $S(f_\circ)$ le sous-fibré de $X \times H$ défini par $f_\circ$, c'est à dire l'image réciproque par $f_\circ$ du sous-fibré universel de $Gr^r(H) \times H$. Soit $E_\circ$ l'orthogonal de $S(f_\circ)$ dans $X \times H$, qui est isomorphe à E. Soit $U_{S(f_\circ)}$ l'ouvert de $Map_E(X, Gr^r(H))$ constitué des f tels que la projection orthogonale $\pi_f : S(f) \longrightarrow S(f_\circ)$, soit un isomorphisme. Soit $f \in U_{S(f_\circ)}$, et

$$\varphi : S_\circ \longrightarrow E$$

$$s_\circ \longmapsto \pi_f(s_\circ) - s_\circ ,$$

et $\varphi_f : X \times H \longrightarrow E$, de matrice $(-\varphi, Id_E)$. Le noyau de φ_f n'est autre que $S(f)$, donc $f \longmapsto \varphi_f$ est une section de p au-dessus de $U_{s(f_\circ)}$. Donc p a des des sections locales.

Soit $\underline{S}(X \times H, E)$ l'ouvert du fibré vectoirel $\underline{Hom}(X \times H, E)$ constitué des applications surjectives. Soit $\pi : \underline{S}(X \times H, E) \longrightarrow X$ la projection canonique. Alors $S(X \times H, E)$ n'est autre que l'espace $\Gamma(\pi)$ (muni de la topologie compacte-ouverte) des sections de π. Il faut montrer que $\Gamma(\pi)$ est contractile. Remarquons que les fibres de π sont isomorphes à $S(H, \mathbb{C}^r)$, qui est contractile d'après le Théorème 2. Le Théorème 7 est donc une conséquence du

LEMME 8.- *Soit* $\pi : Y \longrightarrow Z$ *une application continue localement triviale à fibres contractiles,* Y, Z *étant paracompacts. Alors l'espace* $\Gamma(\pi)$ *des sections de* π *est contractile.*

On utilise le résultat suivant de [Do] :

LEMME 9.- *Soit* $\pi : Y \longrightarrow Z$ *une application continue localement triviale à fibres contractiles,* Z *étant paracompact. Soit* A *un fermé de* Z , $\tau : Z \longrightarrow [0,1]$ *une application continue telle que* $A \subset \tau^{-1}(1)$, s *une section de* π *au-dessus de* $\tau^{-1}(]0,1])$. *Alors il existe une section* S *de* π *telle que* $S_{|A} = s_{|A}$.

En particulier, en prenant $A = \emptyset$, on voit que π a des sections. Démontrons le lemme 8 : soit $s_\circ : Z \longrightarrow Y$ une section de π . L'application

$$\pi' = (Y \times_Z Y) \times [0,1] \longrightarrow Y \times [0,1]$$
$$(y,y',t) \longmapsto (y,t)$$

possède les mêmes propriétés que π . Soit $A = (Y \times \{0\}) \cup (Y \times \{1\}) \subset Y \times [0,1]$,

$$\tau : Y \times [0,1] \longrightarrow [0,1]$$
$$(y,t) \longmapsto |2t-1| \; .$$

Alors $\tau^{-1}(]0,1]) = (Y \times ([0,\frac{1}{2}[\cup]\frac{1}{2}, 1]))$.

Soit $s : \tau^{-1}(]0,1]) \longrightarrow Y'$

$$(y,t) \longmapsto ((y,y),t) \text{ si } t < \frac{1}{2}$$
$$((y,s_\circ\pi(y))),t) \text{ si } t > \frac{1}{2} \; .$$

C'est une section de π' au-dessus de $\tau^{-1}(]0,1])$.

D'après le lemme 9, il existe une section S de π' prolongeant $s_{|A}$. Posons

$$S(y,t) = ((y,g_t(y)),t) \; .$$

Alors on a $g_\circ = Id_Y$, $g_1 = s_\circ \circ \pi$.

Soit maintenant

$$\phi : \Gamma(\pi) \times [0,1] \longrightarrow \Gamma(\pi)$$
$$(s,t) \longmapsto s_t \; ,$$

s_t étant définie par $s_t(s) = g_t(s(z))$. On a $\phi_\circ = Id_{\Gamma(\pi)}$ et $\Phi_1 = s_\circ$, ce qui démontre le lemme 8.

II.- COHOMOLOGIE RATIONNELLE DE BG_E

(Voir les appendices I et II).

PROPOSITION 1.- *Il existe une équivalence d'homotopie rationnelle*

$$f : Gr^r(H) \longrightarrow \prod_{i=1}^{2r} K(\mathbb{Z},2i).$$

D'après le Théorème I.6, $H^*(Gr^r(H),\mathbb{Z}) \simeq \mathbb{Z}[c_1,\ldots,c_r]$, $c_1,\ldots,c_r$ étant les classes de Chern du fibré quotient universel Q sur $Gr^r(H)$. D'après la propriété universelle de $K(\mathbb{Z},2i)$, chaque c_i , élément de $H^{2i}(Gr^r(H),\mathbb{Z})$, détermine une classe d'homotopie d'applications $Gr^r(H) \longrightarrow K(\mathbb{Z},2i)$, dont on choisit un représentant f_i . On considère maintenant $f = \prod_{i=1}^{r} f_i : Gr^r(H) \longrightarrow \prod_{i=1}^{r} K(\mathbb{Z},2i)$.

En utilisant le calcul de la cohomologie rationnelle des $K(\mathbb{Z},2i)$ effectué dans la Proposition 5 de l'Appendice I, on voit que f est une équivalence d'homotopie rationnelle, compte tenu du fait que l'image et l'arrivée de f sont simplement connexes.

On en déduit, d'après le Théorème 4 de l'Appendice II, que l'application induite par f

$$Map(X,Gr^r(H)) \longrightarrow Map(X, \prod_{i=1}^{r} K(\mathbb{Z},2i)) ,$$

est une équivalence d'homotopie rationnelle.

Le calcul de la cohomologie rationnelle de BG_E se réduit donc à celui de $Map(X,K(\mathbb{Z},2i))$ pour $1 \leq i \leq r$. Pour cela, on utilise le

THEOREME 2.- *Soit* π *un groupe abélien,* n *un entier* ≥ 1 , X *un* CW*-complexe fini. Alors il existe une équivalence d'homotopie*

$$Map(X,K(\pi,n)) \longrightarrow \prod_{p=0}^{n} K(H^p(X,\pi),n-p) .$$

(Ce résultat est dû à R. Thom).

Montrons d'abord que $Map(X,K(\pi,n))$ et $\prod_{p=0}^{n} K(H^p(X,\pi),n-p)$ ont le type d'homotopie de CW-complexes simples. Ces espaces ont le type d'homotopie de CW-complexes d'après [Mi1] . Pour voir qu'ils sont simples, il suffit de montrer que ce sont des H-groupes. Cela vient du fait que $K(\pi,n)$ est un H-groupe, d'après la Proposition 3 de l'Appendice I.

Définissons maintenant une application

$$f : Map(X,K(\pi,n)) \longrightarrow \prod_{p=0}^{n} K(H^p(X,\pi),n-p) .$$

Rappelons d'abord quelques propriétés du "slant product". Soient Y, Z, des espaces topologiques, n, p des entiers tels que $0 \leq p \leq n$, L, M des groupes abéliens, β un élément de $H^n(Y \times Z,L)$. On peut alors définir

$$\beta_p : H_p(Y,M) \longrightarrow H^{n-p}(Z,L \otimes M)$$

$$u \longmapsto \beta/u .$$

Cette opération possède les propriétés suivantes

(i) Si $f : Y \longrightarrow Y'$
$g : Z \longrightarrow Y'$

sont des applications continues $u \in H^*(Y' \times Z',L)$, $z \in H_*(Y,M)$, on a

$$[(f \times g)^*(u)]/z = f^*(u/g_*(z)) .$$

(ii) On suppose que $H_*(Y)$ est libre de type fini en chaque degré. D'après le théorème de Künneth et la formule des coefficients universels, on a un isomorphisme

$$H^n(Y\times Z,L) = \bigoplus_{p=0}^{n} \mathrm{Hom}(H_p(Y),H^{n-p}(Z,L)) \quad .$$

Alors, si $\beta \in H^n(Y\times Z,L)$, on a

$$\beta = (\beta_p)_{0\leq p\leq n} \quad .$$

Posons $\mathcal{M} = \mathrm{Map}(X,K(\pi,n))$.

Soit $ev : \mathcal{M}\times X \longrightarrow K(\pi,n)$

$(f,x)\longmapsto f(x)$,

Soit $\beta = ev^*(\sigma_n) \in H^n(\mathcal{M}\times X,\pi)$.

Pour tout p tel que $0\leq p\leq n$, soit

$$\beta_p : H_p(\mathcal{M}) \longrightarrow H^{n-p}(X,\pi)$$

$$x \longmapsto \beta/x \quad ,$$

c'est un élément de $\mathrm{Hom}(H_p(\mathcal{M}), H^{n-p}(X,\pi))$.

D'après le théorème des coefficients universels, on a un morphisme surjectif

$$H^p(\mathcal{M},H^{n-p}(X,\pi)) \longrightarrow \mathrm{Hom}(H_p(\mathcal{M}), H^{n-p}(X,\pi)) \quad .$$

Soit $\varphi_p \in H^p(\mathcal{M},H^{n-p}(X,\pi))$ un antécédent de β_p . D'après la propriété universelle de $K(H^{n-p}(X,\pi),p)$, φ_p définit une classe d'homotopie d'applications $\mathcal{M} \longrightarrow K(H^{n-p}(X,\pi),p)$, dont on choisit un représentant f_p . On obtient ainsi

$$f = \prod_{p=0}^{n} f_p : \mathcal{M} \longrightarrow \prod_{p=0}^{n} K(H^p(X,\pi),n-p) \quad .$$

On va montrer que f est une équivalence d'homotopie. Puisque $\mathcal{M}$ et $\prod_{n=0}^{n} K(H^p(X,\pi),n-p) = Z$ ont le type d'homotopie de CW-complexes simples, il suffit de montrer que f induit un isomorphisme de foncteurs $F_{\mathcal{M}} \longrightarrow F_Z$.

D'après le Théorème 2 de l'Appendice I, il suffit de montrer que pour tout CW-complexe Y tel que $H_*(Y)$ est libre de type fini en chaque degré, $F_{\mathcal{M}}(Y) \longrightarrow F_Z(Y)$ est un isomorphisme. On a des isomorphismes

$$[Y,\mathcal{M}] \simeq [X\times Y, K(\pi,n)] \simeq H^n(X\times Y,\pi) \quad .$$

L'isomorphisme $[Y,\mathcal{M}] \longrightarrow H^n(X\times Y,\pi)$ associe à $[g]$ l'élément $(ev\circ(I_X\times g))^*(\sigma_n) = (I_X\times g)^*(\beta)$ de $H^n(X\times Y,\pi)$.

La p-ième composante du morphisme

$$[Y,\mathcal{M}] \longrightarrow [Y,Z] = \prod_{p=0}^{n} [Y,K(H^p(X,\pi),n-p)]$$

associe à $[g]$ l'élément $[f_p \circ g]$ de $[Y,K(H^p(X,\pi),n-p)]$. On a un isomorphisme $[Y,K(H^p(X,\pi),n-p)] \simeq H^{n-p}(Y,H^p(X,\pi))$, et $[f_p \circ g]$ correspond à $(f_p \circ g)^*(\sigma'_p)$, σ'_p étant l'élément de $H^{n-p}(K(H^p(X,\pi),n-p), H^p(X,\pi))$ défini par $I_{H^p(X,\pi)}$. On a

$$(f_p \circ g)^*(\sigma'_p) = g^*(f_p^*(\sigma'_p))$$
$$= g^*(\varphi_p) \quad .$$

On a, puisque $H_*(Y)$ est libre de type fini en chaque degré,

$$H^{n-p}(Y,H^p(X,\pi)) \simeq \mathrm{Hom}(H_{n-p}(Y),H^p(X,\pi)),$$

et si $u \in H_{n-p}(Y)$, on a

$$g^*(\varphi_p)(u) = \beta_{n-p}(g_*(u))$$
$$= \beta/g_*(u) \quad .$$

Le morphisme $\alpha : F_{\mathcal{M}}(Y) \longrightarrow F_Z(Y)$ associe donc à $\lambda = (I_X \times g)^*(\beta)$ l'élément $u \longmapsto \beta/g_*(u)$ de $[Y,Z]$. Or on a, si $u \in H_{n-p}(Y)$,

$$\lambda/u = (I_X \times g)^*(\beta)/u$$
$$= I_X{}^*(\beta/g_*(u)) = \beta/g_*(u) \ ,$$

d'après la propriété (i). D'après la propriété (ii), α n'est autre que l'inverse de l'isomorphisme de Künneth.

Ceci achève la démonstration du Théorème 2.

On peut maintenant démontrer le

THEOREME 3.- *La cohomologie rationnelle de* BG_E *est de type fini en chaque degré, et la série de Poincaré de* BG_E *est donnée par*

$$P(BG_E) = \prod_{k=1}^{r} \frac{(1 + X^{2k-1})^{\sum_{i=0}^{r-k} b_{2i-1}}}{(1 - X^{2k})^{\sum_{o \leq i \leq r-k} b_{2i}}} \quad .$$

Dans le cas où $X = M$, on a plus simplement

$$P(BG_E) = \frac{\prod_{i=1}^{r} (1 + X^{2i-1})^{2g}}{(1 - X^{2r}) \prod_{i=1}^{r-1} (1 - X^{2i})^2} \quad .$$

Démontrons le Théorème 3. On a, d'après le Théorème 2, et ce qui précède, une équivalence d'homotopie rationelle

$$\mathrm{Map}(X,Gr^r(H)) \longrightarrow \prod_{i=1}^{r} \prod_{p=0}^{2i} K(H^p(X,\mathbb{Z}),2i-p) .$$

L'ensemble des composantes connexes de $\mathrm{Map}(X,Gr^r(H))$ s'identifie donc à $\prod_{i=1}^{r} H^{2i}(X,\mathbb{Z})$, et toutes ces composantes ont le type d'homotopie rationnelle de $\prod_{i=1}^{r} \prod_{p=1}^{2i} K(H^p(X,\mathbb{Z}),2i-p)$. Par conséquent, BG_E , qui est une composante connexe de $\mathrm{Map}(X,Gr^r(H))$, a le type d'homotopie rationnelle de $\prod_{i=1}^{r} \prod_{p=0}^{2i} K(H^p(X,\mathbb{Z}),2i-p) = Z.$

Soient b_i , $i \geq 0$, les nombres de Betti de X. Pour tout $p \geq 0$, soit T_p le sous-groupe de torsion de $H^p(X,\mathbb{Z})$. On a

$$H^p(X,\mathbb{Z}) \simeq \mathbb{Z}^{b_p} \oplus T_p ,$$

donc

$$Z \sim \prod_{i=1}^{r} \prod_{p=0}^{2i} K(\mathbb{Z},2i-p)^{b_p} \times Z' ,$$

Z' étant un espace topologique d'homologie rationnelle nulle, d'après le Corollaire 2 de l'Appendice II. Donc BG_E a la même cohomologie rationnelle que $\prod_{i=1}^{r} \prod_{p=0}^{2i} K(\mathbb{Z},2i-p)^{b_p}$. On en déduit aisément le théorème 3 à l'aide de la Proposition 5 de l'Appendice I.

III.- ABSENCE DE TORSION DANS LA COHOMOLOGIE ENTIERE DE BG_E

a) Cas où $g = 0$

C'est à dire que M est la sphère S_2 . Soit a un point de S_2 , et

$$\phi_a : BG_E \longrightarrow Gr^r(H)$$
$$f \longmapsto f(a) .$$

(Rappelons que BG_E est l'ensemble des applications $f : M \longrightarrow Gr^r(H)$ telles que si σ est la classe de Chern du fibré quotient universel de $Gr^r(H) \times H$, on ait $f^*(\sigma) = c_1(E)$) .

Alors ϕ_a est une fibration dont la fibre au point b de $Gr^r(H)$ est l'espace $\Omega^2_{b,E}(Gr^r(H))$ des 2-lacets d'origine b dans $Gr^r(H)$, dont la classe d'homotopie est celle d'une application $M \longrightarrow Gr^r(H)$ définie par E .

Notre but est d'étudier BG_E au moyen de cette fibration. Il faut d'abord en étudier la fibre.

<u>PROPOSITION 1</u>.- *La cohomologie entière de* $\Omega^2_{b,E}(Gr^r(H))$ *est de type fini, sans torsion en chaque degré, et nulle en dimension impaire.*

<u>LEMME 2</u>.- *On a une équivalence d'homotopie*

$$GL(r,\mathbb{C}) \simeq \Omega^1_b(Gr^r(H)) \quad .$$

($\Omega^1_b(Gr^r(H))$ désignant l'espace des 1-lacets d'origine b dans $Gr^r(H)$) .

On considère le $GL(r,C)$-fibré principal de I.a :

$$p : S(H,\mathbb{C}^r) \longrightarrow Gr^r(H) \quad .$$

Soit L_o l'espace des chemins dans $Gr^r(H)$, $L(p)$ l'espace des couples (s,γ) de $S(H,\mathbb{C}^r)\times L_o$ tels que $p(s) = \gamma(0)$. La projection

$$\begin{aligned} L(p) &\longrightarrow S(H,\mathbb{C}^r) \\ (s,\gamma) &\longmapsto \gamma \end{aligned}$$

est une équivalence d'homotopie, donc $L(p)$ est contractile. Soit

$$\begin{aligned} \tilde{p} : L(p) &\longrightarrow Gr^r(H) \\ (s,\gamma) &\longmapsto p\circ\gamma(1) \quad . \end{aligned}$$

On a un diagramme commutatif

$$\begin{array}{ccc} L(p) & \xrightarrow{\ \tilde{p}\ } & Gr^r(H) \\ \uparrow & \nearrow_{p} & \\ S(H,\mathbb{C}^r) & & \end{array}$$

L'application p est une fibration ("fibre homotopique de p"). Soit L_b l'espace des chemins de $Gr^r(H)$ d'origine b . C'est un espace contractile. Considérons la fibration

$$\begin{aligned} p_1 : L_b &\longrightarrow Gr^r(H) \\ \gamma &\longmapsto \gamma(1) \quad , \end{aligned}$$

dont la fibre en b est $\Omega^1_b(Gr^r(H))$.

Soit s_o un élément de $S(H,\mathbb{C}^r)$ tel que $p(s_o) = b$, et

$$\begin{aligned} \varphi : L_b &\longrightarrow L(p) \\ \gamma &\longmapsto (s_o,\gamma) \quad . \end{aligned}$$

On a un diagramme commutatif

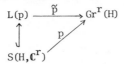

$$\begin{array}{ccccc} S(H,\mathbb{C}^r) & \overset{i}{\hookrightarrow} & L(p) & \overset{\varphi}{\hookleftarrow} & L_b \\ & {\scriptstyle p}\searrow & \downarrow{\scriptstyle \tilde{p}} & \swarrow{\scriptstyle p_1} & \\ & & Gr^r(H) & & \end{array}$$

Puisque $S(H,\mathbb{C}^r)$, $L(p)$ et L_b sont contractiles, i et φ sont des équivalences d'homotopie. La fibre de p au-dessus de b est $Gl(r,\mathbb{C})$, celle de p_1 est $\Omega^1(Gr^r(H))$. Elles sont donc homotopiquement équivalentes.

Ceci démontre le Lemme 2.

On en déduit que $\Omega^2_{b,E}(Gr^r(H))$ est homotopiquement équivalent à une composante connexe de $\Omega^1_{I_r}(Gl(r,\mathbb{C}))$, espace des lacets d'origine l'identité dans $GL(r,\mathbb{C})$. Cette composante est isomorphe à l'espace des lacets d'origine un point donné du recouvrement universel de $GL(r,\mathbb{C})$. La cohomologie entière d'un tel espace est sans torsion, de type fini et nulle en degré impair d'après [Mi2], Theorem 21.7.

Ceci achève la démonstration de la Proposition 1.

On peut maintenant montrer que $H^*(BG_E,\mathbb{Z})$ est sans torsion. Considérons la fibration

$$\phi_a : BG_E \longrightarrow Gr^r(H) .$$

Elle est orientable car $Gr^r(H)$ est simplement connexe. Soit $(E_r^{p,q})$ la suite spectrale de Cartan-Serre de ϕ_a . On a

$$E_2^{p,q} = H^p(Gr^r(H), H^q(\Omega^2_{b,E}(Gr^r(H)),\mathbb{Z}))$$

pour tous p,q . Donc $E_2^{p,q} = 0$ si p ou q est impair. Par suite, tous les morphismes $d_r^{p,q}$, $r \geq 2$, sont nuls, et

$$E_\infty^{p,q} = E_2^{p,q} .$$

L'aboutissement de $(E_r^{p,q})$ est donc sans torsion, ainsi donc que la cohomologie entière de BG_E .

b) Le cas général $(g > 0)$.

On peut voir M comme le cône d'un morphisme

$$S_1 \longrightarrow \bigvee_{2g} S_1$$

Soit a_o le point base du bouquet $\bigvee_{2g} S_1$.

Soit

$$\begin{aligned} \phi_{a_o} : BG_E &\longrightarrow Gr^r(H) \\ f &\longmapsto f(a_o) . \end{aligned}$$

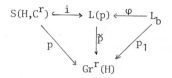

C'est une fibration, dont la fibre au-dessus du point b de $Gr^r(H)$ est

$$Map_{E,*}(M,Gr^r(H)) \ ,$$

sous-espace de BG_E constitué des applications $f : M \longrightarrow Gr^r(H)$ telles que $f(a_o) = b$.

Soit

$$\gamma_b : Map_{E,*}(M,Gr^r(H)) \longrightarrow Map_*(\underset{2g}{V} S_1, Gr^r(H))$$

la fibration associée à l'inclusion $\underset{2g}{V} S_1 \hookrightarrow M$, $Map_*(\underset{2g}{V} S_1, Gr^r(H))$ désignant l'espace des applications $\underset{2g}{V} S_1 \longrightarrow Gr^r(H)$, continues et envoyant a_o sur b. Cet espace est connexe par arcs, car $Gr^r(H)$ est simplement connexe.

Soit $p_o : M \longrightarrow S_2$ la projection. La fibre de γ_b au-dessus de l'application constante est l'espace $Map_{[E],*}(S_2, Gr^r(H))$ des applications continues $f : S_2 \longrightarrow Gr^r(H)$ telles que $f(a_o) = b$ et que $f \circ p_o$ soit dans BG_E . C'est une composante connexe de $Map_*(S_2, Gr^r(H))$.

La fibration ϕ_{a_o} est orientable, car $Gr^r(H)$ est simplement connexe.

<u>LEMME 3</u>.- *Soit* $q_o : X \longrightarrow Y$ *une fibration orientable en cohomologie rationnelle,* Y *étant connexe par arcs. Soit* F *une fibre de* q_o . *On suppose* $H^\circ(Y,\mathbb{Q})$ *et* $H^\circ(F,\mathbb{Q})$ *de type fini en chaque degré. Alors* $H^\circ(X,\mathbb{Q})$ *est de type fini en chaque degré, et on a*

$$P(Y).P(F) \geq P(X) \ .$$

On a égalité si et seulement si les différentielles d'ordre ≥ 2 *de la suite spectrale de Cartan-Serre de* q_o *à coefficients rationnels sont nulles.*

Soit $(E_r^{p,q})$ la suite spectrale de Cartan-Serre de q_o à coefficients rationnels. On a

$$E_2^{p,q} = H^p(Y,\mathbb{Q}) \otimes H^q(F,\mathbb{Q})$$

pour tous p,q. Pour $r \geq 2$, $n \geq 0$, soit

$$\mathcal{E}_r^n = \bigoplus_{p+q=n} E_r^{p,q} \ ,$$

$$d_r^n : \mathcal{E}_r^n \longrightarrow \mathcal{E}_r^{n+1} \text{ la différentielle.}$$

Posons

$$P_r = \sum_{n \geq 0} \dim_{\mathbb{Q}}(\mathcal{E}_r^n).T^n \ .$$

Pour tout n , on a

$$\mathcal{E}_{r+1}^n = Ker(d_r^n)/Im(d_r^{n-1}) \ ,$$

donc,

$$P_{r+1} \leqq P_r \quad .$$

Comme $P_2 = P(Y).P(F)$ on en déduit que les coefficients de P_r sont finis. La suite $(P_r)_{r\geqq 2}$ tend vers $P(E)$ pour la topologie (T)-adique. Donc on a

$$P(E) \leqq P_r \leqq P_2 \quad , \text{ pour tout } r \geqq 2 \quad .$$

On en déduit immédiatement le Lemme 3.

On a donc

$$P(\mathrm{Map}_{E,*}(M,Gr^r(H))).P(Gr^r(H)) \geqq P(BG_E) \quad .$$

Posons

$$R_1(T) = P(\mathrm{Map}_{E,*}(M,Gr^r(H)).P(Gr^r(H)) - P(BG_E) \quad ,$$

$$R_2(T) = P(\mathrm{Map}_*(\bigvee_{2g} S_1,Gr^r(H))).P(\mathrm{Map}_{[E],*}(S_2,Gr^r(H)))$$
$$-P(\mathrm{Map}_{E,*}(M,Gr^r(H)))$$

(série entière associée à γ_b). Ces séries entières ont un sens car les coefficients de $P(\mathrm{Map}_*(\bigvee_{2g} S_1,Gr^r(H)))$, $P(\mathrm{Map}_{[E],*}(S_2,Gr^r(H)))$ et $P(BG_E)$ sont finis.

Soit $n \geqq 0$ un entier. On suppose que tous les coefficients des termes de degré $\leqq n$ de $P(\mathrm{Map}_{E,*}(M,Gr^r(H)))$ sont finis. Alors on a

$$R_2(T).P(Gr(H)) + R_1(T) = P(\mathrm{Map}_*(\bigvee_{2g} S_1,Gr^r(H))).P(\mathrm{Map}_{[E],*}(S_2,Gr^r(H))).$$
$$P(Gr^r(H)) - P(BG_E) \quad \text{modulo} \quad T^{n+1} \quad .$$

D'après le Lemme 2, on a

$$P(\mathrm{Map}_*(\bigvee_{2g} S_1,Gr^r(H))) = P(GL(r,\mathbb{C}))^{2g} \quad .$$

Mais $GL(r,\mathbb{C})$ a la même série de Poincaré que $\prod_{i=1}^{r} S^{2i-1}$ ([Do 2] , Prop. 12.10).

Donc

$$P(\mathrm{Map}_*(\bigvee_{2g} S_1,Gr^r(H))) = \prod_{i=1}^{r} (1+T^{2i-1})^{2g}$$

En utilisant la fibration ϕ_a de a_- , et le fait que toutes les différentielles de la suite spectrale de Cartan-Serre de ϕ_a de degré $\geqq 2$ sont nulles, ainsi que le Théorème 3 pour $X = S_2$, on voit que

$$P(\mathrm{Map}_{[E],*}(S_2,Gr^r(H))).P(Gr^r(H)) = \frac{1}{(1-T^{2r}).\prod_{i=1}^{r-1}(1-T^{2i})^2}$$

D'après le Théorème 3, on a donc

$$R(T) = 0 \quad (\text{modulo} \quad T^{n+1})$$

PROPOSITION 4.- *La fibration*

$$\gamma_b : \mathrm{Map}_{E,*}(M,\mathrm{Gr}^r(H)) \longrightarrow \mathrm{Map}_*(\underset{2g}{V} S_1,\mathrm{Gr}^r(H))$$

est orientable en cohomologie rationnelle, la cohomologie rationnelle de $\mathrm{Map}_{E,*}(M,\mathrm{Gr}^r(H))$ *est de type fini en chaque degré et les différentielles d'ordre* ≥ 2 *de la suite spectrale de Cartan-Serre de* γ_b *à coefficients rationnels sont nulles.*

Soit $F = \mathrm{Map}_{[E],*}(S_2,\mathrm{Gr}^r(H))$ la fibre de γ_b . Soit $(E_r^{p,q})$ la suite spectrale de Cartan-Serre de γ_b à coefficients rationnels.
On a

$$E_2^{p,q} = H^p(\mathrm{Map}_*(\underset{2g}{V} S_1,\mathrm{Gr}^r(H)), \{H^q(F,\mathbb{Q})\}) .$$

Il faut montrer que pour tout $q \geq 0$, le faisceau localement constant $\{H^q(F,\mathbb{Q})\}$ est constant. Pour cela, il suffit de prouver que

$$\dim(H^\circ(\mathrm{Map}_*(\underset{2g}{V} S_1,\mathrm{Gr}^r(H)), \{H^q(F,\mathbb{Q})\}) \geq \dim(H^q(F,\mathbb{Q})) .$$

On va démontrer par récurrence sur $n \geq 0$ l'assertion suivante : le faisceau $\{H^q(F,\mathbb{Q})\}$ est constant pour tout $q \leq n$, $d_r^{p,q} = 0$ si $p+q \leq n$, et $H^n(\mathrm{Map}_{E,*}(M,\mathrm{Gr}^r(H)),\mathbb{Q})$ est de type fini.
Pour $n = 0$ c'est évident.

Supposons l'assertion vraie pour n et montrons qu'elle l'est pour $n+1$. D'après l'hypothèse de récurrence, en reprenant les notations du Lemme 3, on a

$$\mathcal{E}_2^{n+1} = \bigoplus_{i=0}^{n} H^{n+1-i}(\mathrm{Map}_*(\underset{2g}{V} S_1,\mathrm{Gr}^r(H)),\mathbb{Q}) \otimes H^i(F,\mathbb{Q})$$

$$\oplus\, H^\circ(\mathrm{Map}_*(\underset{2g}{V} S_1,\mathrm{Gr}^r(H)), \{H^{n+1}(F,\mathbb{Q})\}).$$

On a aussi

$$P_2 \geq P(\mathrm{Map}_{E,*}(M,\mathrm{Gr}^r(H))) ,$$

ce qui prouve déjà que $H^{n+1}(\mathrm{Map}_{E,*}(M,\mathrm{Gr}^r(H)),\mathbb{Q})$ est de type fini. D'après ce qui précède, on a donc $R(T) = 0$ modulo T^{n+2} . Mais $R_1(T) \geq 0$ modulo T^{n+2}, car ϕ_a est orientable.

On a $R_2(T) > 0$ modulo T^{n+2} , d'après l'hypothèse de récurrence et la démonstration du Lemme 3. Puisque $R(T) = 0$, on a

$$R_2(T) = 0 \text{ modulo } T^{n+2} .$$

Donc le (n+1)-ième coefficient de $R_2(T)$ est nul, c'est à dire

$$P(\mathrm{Map}_{E,*}(M,\mathrm{Gr}^r(H))) = P(F).P(\mathrm{Map}_*(\underset{2g}{V} S_1,\mathrm{Gr}^r(H))) \text{ modulo } T^{n+2} .$$

Donc

$$(*) \quad P_2 \geq P(F).P(\mathrm{Map}_*(\underset{2g}{V} S_1,\mathrm{Gr}^r(H))) \text{ modulo } T^{n+2} ,$$

d'où on déduit

$$H^\circ(\mathrm{Map}_*(\bigvee_{2g} S_1, Gr^r(H)), \{H^{n+1}(F,\mathbb{Q})\}) \geq \dim(H^{n+1}(F,\mathbb{Q})) ,$$

ce qui prouve que $\{H^{n+1}(F,\mathbb{Q})\}$ est constant.
On en déduit qu'on a en fait égalité dans $(*)$ modulo T^{n+2}, d'où $d_r^{pq} = 0$ pour tout r si $p+q = n+1$.

Notre assertion est donc démontrée, ainsi que la Proposition 4.
D'après ce qui précède, on a

$$R_1(T) = R_2(T) = 0 .$$

On peut maintenant prouver que $H^*(BG_E,\mathbb{Z})$ n'a pas de torsion. D'après la Proposition 1, $H^*(F,\mathbb{Z})$ est libre de type fini en chaque degré, donc la fibration γ_b est orientable, et les différentielles d'ordre ≥ 2 de la suite spectrale de Cartan-Serre de γ_b à coefficients entiers sont nulles. Il en découle que $H^*(\mathrm{Map}_{E,*}(M,Gr^r(H)),\mathbb{Z})$ est libre de type fini en chaque degré. Du fait que $R_1(T) = 0$, les différentielles d'ordre ≥ 2 de la suite spectrale de Cartan-Serre de a_o à coefficients entiers sont nulles, et par conséquent $H^*(BG_E,\mathbb{Z})$ est sans torsion.

Ceci achève la démonstration du Théorème 1 .

APPENDICE I

ESPACES $K(\pi,n)$

I.- GENERALITES

a) Foncteurs homotopiques

Soit CW la catégorie des CW-complexes, F un foncteur contravariant CW $\longrightarrow$ Ens. On dit que F est un *fonteur homotopique* si les propriétés suivantes sont vérifiées :

i) Si X, Y sont des CW-complexes, $f,g : X \longrightarrow Y$ des applications continues homotopes, alors $F(f) = F(g)$.

ii) "Axiome des bouquets"
Soit $(X_i,x_i)_{i\in I}$ une famille de CW-complexes pointés. Alors, si pour tout $i \in I$, σ_i désigne l'inclusion $X_i \longrightarrow \bigvee_{j\in I} X_j$, $\prod_{i\in I} F(\sigma_i) : F(\bigvee_{i\in I} X_i) \longrightarrow \prod_{i\in I} F(X_i)$ est un isomorphisme.

iii) Soient X, Y des CW-complexes, $f, g : X \longrightarrow Y$ des applications continues. Soit $E(f,g)$ l'égalisateur de f et g , c'est à dire le CW-complexe obtenu à partir de $(X \times [0,1]) \amalg Y$ en identifiant $(x,0)$ (resp. $(x,1)$) et $f(x)$ (resp. $g(x)$) pour tout x dans X . Soit i l'inclusion $Y \longrightarrow E(f,g)$. Alors

$$F(E(f,g)) \xrightarrow{F(i)} F(Y) \underset{F(g)}{\overset{F(f)}{\rightrightarrows}} F(X)$$

est une suite exacte d'ensembles, c'est à dire que l'image de $F(i)$ est le noyau de la double flèche $(F(f),F(g))$.

Exemples de foncteurs homotopiques

i) Soit n un entier ≥ 0 , π un groupe abélien. Le foncteur

$$F_n : CW \longrightarrow Ens$$
$$X \longmapsto H^n(X,\pi)$$

est homotopique.

ii) Soit Y un CW-complexe simple, c'est à dire connexe par arcs et tel que pour un $y \in Y$, $\pi_1(Y,y)$ soit abélien et agisse trivialement sur les groupes d'homotopie d'ordre supérieur. Le foncteur

$$F_Y : CW \longrightarrow Ens$$
$$X \longmapsto [X,Y]$$

est homotopique.

Dans le cas i), π est unique à isomorphisme près, et dans le cas (ii), Y est unique à homotopie près. On dit qu'un foncteur homotopique $F : CW \longrightarrow Ens$ est représentable s'il est isomorphe à un foncteur du type ii). On dit alors que Y représente F.

THEOREME 1.- (Brown) : *Tout foncteur homotopique est représentable.*

([Sp], Thm. 14, p. 411).

THEOREME 2.- *Un morphisme de foncteurs homotopiques qui est un isomorphisme sur les sphères est un isomorphisme.*

Soit $\varphi : F_1 \longrightarrow F_2$ un morphisme de foncteurs homotopiques. D'après le Théorème 1, F_i $(i=1,2)$ est représentable par un CW-complexe simple Y_i. Donc φ provient d'une application continue $f : Y_1 \longrightarrow Y_2$. Pour tout entier $n \geq 0$,

$$f_* : [S_n, Y_1] \longrightarrow [S_n, Y_2]$$

est un isomorphisme. Donc f est une équivalence d'homotopie faible. D'après [Sp], p. 405, f est une équivalence d'homotopie. Donc φ est un isomorphisme.

b) Les espaces $K(\pi,n)$

Soit π un groupe abélien, n un entier ≥ 1. On dit qu'un espace topologique Y est *de type* (π,n) s'il est connexe par arcs, et si $\pi_n(Y,y) \simeq \pi$, $\pi_i(Y,y) = 0$ si $i \neq n$ $(y \in Y)$.

On dit que Y est de type $(\pi,0)$ si Y est isomorphe à π, muni de la topologie discrète.

Supposons que Y soit un espace de type (π,n). D'après le Théorème d'Hurewicz, on a

$$H_n(Y,\mathbb{Z}) \simeq \pi,$$
$$H_i(Y,\mathbb{Z}) = 0 \quad \text{si} \quad 0 < i < n .$$

Remarquons que, π étant abélien, on peut, quand on considère les groupes d'homotopie de Y, oublier les points bases. Le choix d'un isomorphisme $\pi_n(Y) \simeq \pi$ définit un élément σ_n de $H^n(Y,\pi)$:

$$H^n(Y,\pi) \simeq \mathrm{Hom}(H_n(Y,\mathbb{Z}),\pi) \simeq \mathrm{End}_{\mathbb{Z}}(\pi)$$

et σ_n correspond à I_π .

Puisque π est abélien, Y est simple, donc si c'est un CW-complexe, le foncteur F_Y défini précédemment est homotopique.

On suppose par la suite que Y est un CW-complexe.

On a un morphisme de foncteurs

$$\varphi : F_Y \longrightarrow F_n$$

défini par : pour tout CW-complexe Z

$$\varphi_Z : [Z,Y] \longrightarrow H^n(Z,\pi)$$

$$[f] \longmapsto f^*(\sigma_n) \ .$$

PROPOSITION 3.- *Le morphisme de foncteurs*

$$\varphi : F_Y \longrightarrow F_n$$

est un isomorphisme.

Puisque F_Y et F_n sont homotopiques, il suffit d'après le Théorème 2 de prouver que pour tout entier p , φ_{S_p} est un isomorphisme. C'est évident si $p \neq n$ car dans ce cas

$$[S_p,Y] \simeq \pi_p(Y) = 0 = H^n(S_p,\pi) \quad .$$

Il reste le cas $p = n$. Soit $f : S_n \longrightarrow Y$ une application continue. On a un diagramme commutatif

$$\begin{array}{ccc} \mathrm{Hom}(H_n(Y,\mathbb{Z}),\pi) & \simeq & H^n(Y,\pi) \\ \downarrow {}^t f_* & & \downarrow f^* \\ \mathrm{Hom}(H_n(S_n,\mathbb{Z}),\pi) & \simeq & H^n(S_n,\pi) \end{array} \quad .$$

Donc

$$f^*(\sigma_n) = \sigma_n(f_*(x)) \ ,$$

x étant le générateur de $H_n(S_n,\mathbb{Z})$.

Mais $[f] \longrightarrow f_*(x)$ est l'homomorphisme d'Hurewicz, qui est un isomorphisme. Donc φ_{S_n} est bien un isomorphisme.

Il en découle que Y est un représentant de F_n . On déduit du Théorème 1 le

COROLLAIRE 4.- *A homotopie près il y a un et un seul CW-complexe de type* (π,n).

On notera $K(\pi,n)$ un tel CW-complexe.

Exemples :

1- Si G est un groupe topologique abélien discret, BG est de type $(G,1)$.

2- Si H est un espace de Hilbert complexe séparable, $P(H)$ est de type $(\mathbb{Z},2)$.

c) Cohomologie rationnelle des espaces $K(\mathbb{Z},n)$, $n \geq 1$.

PROPOSITION 5.- *Soit* α_n *un générateur de* $H^n(K(\mathbb{Z},n),\mathbb{Z})$. *Alors*

$$H^*(K(\mathbb{Z},n),\mathbb{Q}) = \mathbb{Q}[\alpha_n] \text{ si } n \text{ est pair,}$$
$$= \mathbb{Q}[\alpha_n]/(\alpha_n^2) \text{ si } n \text{ est impair.}$$

Posons $Y = K(\pi,n)$, soit $y_0 \in Y$, $L(Y)$ l'espace de chemins de Y d'origine y_0 . On a une fibration

$$\rho_n : L(Y) \longrightarrow Y$$
$$\gamma \longmapsto \gamma(1) \quad ,$$

dont la fibre au-dessus de y_0 est $\Omega(Y,y_0)$ (espace des lacets d'origine y_0). Remarquons que $L(Y)$ est contractile, donc la suite exacte d'homotopie de la fibration précédente montre que $\Omega(Y,y_0)$ est de type $(\pi,n-1)$. D'après [Mi] , $\Omega(Y,y_0)$ a le type d'homotopie d'un CW-complexe, donc $\Omega(Y,y_0)$ a le type d'homotopie de $K(\mathbb{Z}, n-1)$.

On démontre maintenant la Proposition 5 par récurrence sur n . Elle est vraie pour $n = 1,2$, car $K(\mathbb{Z},1) = S_1$, $K(\mathbb{Z},2) = P(H)$.

D'autre part, pour tout n , on a, d'après le Théorème d'Hurewicz :

$$H^q(K(\mathbb{Z},n),\mathbb{Z}) = 0 \quad \text{pour} \quad q < n$$
$$= \mathbb{Z} \quad \text{pour} \quad q = n \quad .$$

Supposons la Proposition 5 vraie pour n pair. On considère la suite spectrale de Cartan-Serre de la fibration

$$\rho_{n+1} : L(K(\mathbb{Z},n+1)) \longrightarrow K(\mathbb{Z}, n+1),$$

dont la fibre a le type d'homotopie de $K(\mathbb{Z},n)$. Puisque $n \geq 2$, $K(\mathbb{Z},n+1)$ est simplement connexe. Considérons la suite spectrale de Cartan-Serre de ρ_{n+1} :

$$E_2^{p,q} = H^p(K(\mathbb{Z},n+1), H^q(K(\mathbb{Z},n),\mathbb{Q})) ,$$

d'aboutissement 0 , puisque $L(K(\mathbb{Z},n+1))$ est contractile. On a $E_2^{p,q} = 0$ si $0 < q < n$.

On en déduit que

$$E_2^{0,n} = E_{n+1}^{0,n} \text{ , } E_2^{n+1,0} = E_{n+1}^{n+1,0} \text{ .}$$

Considérons maintenant le morphisme

$$d_{n+1}^{0,n} : E_{n+1}^{0,n} \longrightarrow E_{n+1}^{n+1,0} .$$

On a

$$\mathrm{Im}(d_{n+2}^{0,n}) \subset E_{n+2}^{n+2,-1} = \{0\} ,$$

donc $d_{n+2}^{0,n} = 0$. Donc

$$\mathrm{Ker}(d_{n+1}^{0,n}) = E_{\infty}^{0,n} = \{0\} ,$$

ce qui montre que $d_{n+1}^{0,n}$ est injective.

On a $d_{n+1}^{n+1,0} = 0$, car

$$\mathrm{Im}(d_{n+1}^{n+1,0}) \subset E_{n+1}^{2n+2,1} = \{0\} ,$$

(car $E_2^{2n+2,1} = \{0\}$). Donc

$$\mathrm{Coker}(d_{n+1}^{0,n}) = E_{\infty}^{n+1,0} = \{0\} ,$$

donc $d_{n+1}^{0,n}$ est aussi surjective. C'est donc un isomorphisme. On a

$$E_{n+1}^{0,n} = H^n(K(\mathbb{Z},n),\mathbb{Q}) \quad (\simeq \mathbb{Q}) ,$$

$$E_{n+1}^{n+1,0} = H^{n+1}(K(\mathbb{Z},n+1),\mathbb{Q}) \ (\simeq \mathbb{Q}) .$$

Ce qui précède est aussi vrai si l'anneau des coefficients est $\mathbb{Z}$, donc on a

$$d_{n+1}^{0,n}(\alpha_n) = \pm\alpha_{n+1} .$$

D'après la structure multiplicative de la suite spectrale de Cartan-Serre, on a si $q > 0$,

$$d_{n+1}^{0,q.n}(\alpha_n^q) = q.\alpha_n^{q-1}.d_{n+1}^{0,n}(\alpha_n) .$$

On a $E_{n+1}^{0,qn} = E_2^{0,qn}$

$$= H^\circ(K(\mathbb{Z},n+1), H^{qn}(K(\mathbb{Z},n),\mathbb{Q})),$$

$$E_{n+1}^{n+1,(q-1).n} = E_2^{n+1,(q-1).n}$$

$$= H^{n+1}(K(\mathbb{Z},n+1), H^{(q-1).n}(K(\mathbb{Z},n),\mathbb{Q})) .$$

Donc $E_{n+1}^{0,qn} \simeq H^{qn}(K(\mathbb{Z},n),\mathbb{Q}) \simeq \mathbb{Q}$

(d'après l'hypothèse de récurrence),

et $E_{n+1}^{n+1,(q-1).n} \simeq H^{n-1}(K(\mathbb{Z},n+1),\mathbb{Q}) \simeq \mathbb{Q}$.

Par conséquent α_n^q étant un générateur de $H^{qn}(K(\mathbb{Z},n),\mathbb{Q})$, $d_{n+1}^{0,qn}$ est un isomorphisme. (Ce ne serait plus vrai si l'anneau des coefficients était $\mathbb{Z}$).

On en déduit : $E_{n+2}^{p,q} = 0$ si $0 \leq p \leq n+1$. Supposons la Proposition 5 fausse et soit p le plus petit entier tel que $p \geq n+2$ et que $H^p(K(\mathbb{Z},n+1),\mathbb{Q}) \neq \{0\}$.
On a alors

$$E_{n+2}^{p,0} = E_2^{p,0} = H^p(K(\mathbb{Z},n+1),\mathbb{Q}) ,$$

car $d_{n+1}^{p-(n+1),n} = 0$, puisque si $E_{n+1}^{p-(n+1),n} \neq \{0\}$, $d_{n+1}^{p-2(n+1),2n}$ est un isomorphisme.
On a d'autre part, $E_{n+2}^{p,0} = E_{\infty}^{p,0}$. On obtient donc $H^p(K(\mathbb{Z},n+1),\mathbb{Q}) = \{0\}$, ce qui est une contradiction. Donc la Proposition 5 est vraie dans ce cas.

Supposons maintenant la Proposition 5 vraie pour n impair. Considérons toujours la suite spectrale de Cartan-Serre de p_{n+1} .
On a ici

$$E_2^{p,q} = \{0\}$$

sauf si $q = 0,n$. On en déduit qu'on a des isomorphismes

$$d_{n+1}^{p,n} : E_{n+1}^{p,n} \longrightarrow E_{n+1}^{p+n+1,0} .$$

On a $E_{n+1}^{p,n} = E_2^{p,n} = H^p(K(\mathbb{Z},n+1),\mathbb{Q})$,

$$E_{n+1}^{p+n+1,0} = E_2^{p+n+1,0} = H^{p+n+1}(K(\mathbb{Z},n+1),\mathbb{Q}) .$$

On a donc, pour tout entier p , un isomorphisme

$$H^p(K(\mathbb{Z},n+1),\mathbb{Q}) \longrightarrow H^{p+n+1}(K(\mathbb{Z},n+1),\mathbb{Q}) .$$

On en déduit aisément la Proposition 5 en utilisant le Théorème d'Hurewiz, la structure multiplicative de la suite spectrale de Cartan-Serre, en en faisant une récurrence.

APPENDICE II

HOMOTOPIE RATIONNELLE

THEOREME 1.- ($\mathbb{Q}$-*Hurewicz*) : *Soit* X *un espace topologique simplement connexe. Alors les deux propriétés suivantes sont équivalentes :*

i) *Pour tout* $i > 0$, $\pi_i(X)$ *est de torsion.*

ii) *Pour tout* $i > 0$, $H_i(X,\mathbb{Q}) = \{0\}$.

([Sp] , Theorem 15, p. 508).

Si X n'est pas simplement connexe, on a néanmoins i) $\Longrightarrow$ ii).

Si X vérifie les hypothèses du Théorème 1, on dit que X est Q-*contractile*.

Du Théorème 1, on déduit le

COROLLAIRE 2.- *Soit* π *un groupe abélien,* n *un entier* ≥ 0 . *Si* π *est de torsion, et si* Y *est un espace de type* (π,n) , *on a, pour tout* $i > 0$, $H^i(Y,\mathbb{Q}) = \{0\}$.

(Pour la définition et les propriétés des espaces de type (π,n), voir l'Appendice I).

THEOREME 3.- (Q-*Whitehead*) : *Soit* $f : X \longrightarrow Y$ *un morphisme d'espaces simplement connexes et dont la fibre homotopique est simplement connexe. Alors les propriétés suivantes sont équivalentes :*

1) *Pour tout* $i > 0$, *le noyau et le conyau de* $f_* : \pi_i(X) \longrightarrow \pi_i(Y)$ *sont des groupes de torsion.*

2) *Pour tout* $i > 0$, $f^* : H_i(Y,\mathbb{Q}) \longrightarrow H_i(X,\mathbb{Q})$ *est un isomorphisme.*

([Sp], Theorem 22, p.512).

Si les hypothèses du Théorème 1 sont vérifiées, on dit que f est une Q-*équivalence d'homotopie*. S'il existe une $\mathbb{Q}$-équivalence d'homotopie $X \longrightarrow Y$, on dit que X et Y ont le même type d'homotopie rationnelle.

On dit qu'un espace topologique X est *homologiquement* $\mathbb{Q}$-*contractile* si

$H_*(X,\mathbb{Q}) = 0$.

THEOREME 4.- *Soit* X *un* CW-*complexe fini,* Y *un espace topologique simplement connexe.*

1- *Si* Y *est homologiquement* $\mathbb{Q}$-*contractile, il en est de même de* Map(X,Y).

2- *Soit* $p : E \longrightarrow X$ *une fibration dont la fibre est* Y , *supposé homologiquement contractile. Alors il en est de même de* $\Gamma(X,E)$.

3- *Si* $f : Y \longrightarrow Z$ *est un morphisme d'espaces simplement connexes, dont la fibre homotopique est simplement connexe, et induisant un isomorphisme en homologie rationnelle, le morphisme*

$$\mathrm{Map}(X,Y) \longrightarrow \mathrm{Map}(X,Z)$$

induit un isomorphisme en homologie rationnelle.

La première assertion est évidemment une conséquence de la seconde. Et il est immédiat que celle-ci est vraie si X est de dimension 0. Il faut donc démontrer que si X est le cône d'une application injective $S_n \longrightarrow A$, A étant un CW-complexe fini, et si $\Gamma(A,E)$ est homologiquement $\mathbb{Q}$-contractile, il en est de même de $\Gamma(X,E)$.

On considère pour cela la fibration

$$\Gamma(X,E) \longrightarrow \Gamma(A,E)$$

(morphisme de restriction), dont la fibre est $\mathrm{Map}_*(S_{n+1},Y)$ à homotopie près. En utilisant la suite spectrale de Cartan-Serre en homologie rationnelle, on voit qu'il suffit de montrer que $\mathrm{Map}_*(S_{n+1},Y)$ est homologiquement $\mathbb{Q}$-contractile. En considérant la fibration

$$\mathrm{Map}(S_{n+1},Y) \longrightarrow Y \quad ,$$

dont la fibre est $\mathrm{Map}_*(S_{n+1},Y)$, on voit que

$$H_*(\mathrm{Map}(S_{n+1},Y,\mathbb{Q}) \simeq H_*(\mathrm{Map}_*(S_{n+1},Y),\mathbb{Q}) \quad .$$

D'autre part, puisque Y est simplement connexe, d'après le Théorème 1, $\mathrm{Map}_*(S_{n+1},Y)$ est connexe par arcs. On a donc une fibration

$$\mathrm{Map}(B_{n+1},Y) \longrightarrow \mathrm{Map}(S_{n+1},Y)$$

dont toutes les fibres sont équivalentes à $\mathrm{Map}_*(S_{n+2},Y)$. Cette remarque montre qu'il suffit en fait de prouver que

$$H_*(\mathrm{Map}_*(S_o,Y)) = 0 \; .$$

Mais ceci est immédiat car

$$\mathrm{Map}_*(S_o,Y) \simeq Y \quad .$$

Ceci démontre 1 et 2.

Démontrons maintenant 3. Soit

$$L(f) = \{(y,\gamma),\ y \in Y,\ \gamma\colon [0,1] \longrightarrow Z$$
$$\gamma(0) = f(y)\} \quad .$$

Alors le morphisme

$$L(f) \longrightarrow Y$$
$$(y,\gamma) \longmapsto y$$

est une équivalence d'homotopie, et

$$\bar{f} : L(f) \longrightarrow Z$$
$$(y,\gamma) \longmapsto \gamma(1)$$

est équivalent à f modulo cette équivalence.

En fait, f est une fibration, et la fibre homotopique de f est la fibre de cette fibration.

On a une équivalence d'homotopie

$$\mathrm{Map}(X,L(f)) \simeq \mathrm{Map}(X,Y),$$

et le morphisme défini par $\bar{f}$:

$$\varphi : \mathrm{Map}(X,L(f)) \longrightarrow \mathrm{Map}(X,Z)$$

est équivalent à $\mathrm{Map}(X,Y) \longrightarrow \mathrm{Map}(X,Z)$ modulo cette équivalence. Mais φ est une fibration. Donc pour démontrer 3 il suffira de prouver que les fibres de φ sont homologiquement $\mathbb{Q}$-contractiles.

Soit $\lambda \in \mathrm{Map}(X,Z)$. Alors $\varphi^{-1}(\lambda)$ est l'espace des sections de la fibration

$$p : T \longrightarrow X$$

suivante : $T = L(f) \times_Z X$, défini par $f : L(f) \longrightarrow Z$ et $\lambda : X \longrightarrow Z$, p est la projection sur X. Les fibres de p étant des fibres de $\bar{f}$, sont homologiquement contractiles, donc d'après 2, $\Gamma(X,p) = \varphi^{-1}(\lambda)$ l'est aussi, ce qu'il fallait démontrer.

Ceci achève la démonstration du Théorème 4.

APPENDICE III

RAPPELS

a) Fibrés principaux
(réf : [Do] et [Hu]).

Soit G un groupe topologique, d'élément neutre e. Soit X un G-*espace*, c'est à dire un espace topologique sur lequel G opère continument. On définit de manière évidente la notion de G-morphisme entre G-espaces. On suppose que l'action de G est libre. On munit l'espace X/G de la topologie quotient. Soit $p : X \longrightarrow X/G$ la projection.

On dit que X est un G-*fibré principal* s'il existe un recouvrement $(U_i)_{i\in I}$ de X/G tel que :

i) Il existe une partition de l'unité subordonnée au recouvrement $(U_i)_{i\in I}$.

ii) Pour tout i dans I, il existe un G-morphisme

$$p^{-1}(U_i) \longrightarrow U_i \times G$$

induisant l'identité sur U_i, qui est un homéomorphisme.

Soit B un espace topologique. On appelle G-*fibré principal de base* B un G-fibré principal X muni d'un isomorphisme $X/G \simeq B$. On verra dans ce cas la projection $X \longrightarrow X/G$ comme une application $\pi : X \longrightarrow B$ et on parlera du G-fibré principal $\pi : X \longrightarrow B$.

Soit $f : B' \longrightarrow B$ une application continue, $\pi : X \longrightarrow B$ un G-fibré principal. On définit l'*image réciproque* de $\pi : X \longrightarrow B$. C'est le G-fibré principal $\pi' : f^*(X) \longrightarrow B'$, où $f^*(X)$ est l'ensemble des couples (x,b) de $X \times B'$ tels que $\pi(x) = f(b')$, muni de l'action évidente de G, π' étant la restriction de la deuxième projection.

On définit maintenant le foncteur contravariant

$$F_G : \text{Top} \longrightarrow \text{Ens}$$

associant à un espace topologique B l'ensemble des classes d'isomorphisme de G-fibrés principaux de base B (deux G-fibrés principaux $X \longrightarrow B$ et $X' \longrightarrow B$

étant dits isomorphes s'il existe un G-morphisme $X \longrightarrow X'$ induisant I_B, un tel G-morphisme étant d'ailleurs automatiquement un isomorphisme).

Si $f : B' \longrightarrow B$ est une application continue,

$$F_G(f) : F_G(B) \longrightarrow F_G(B')$$

associe à la classe de $X \longrightarrow B$ celle de $f^*(X) \longrightarrow B'$.

Soit $\mathcal{H}$ la catégorie dont les objets sont les espaces topologiques et les morphismes les classes d'homotopie d'applications continues.

Le premier résultat est que F_G *est en fait défini sur* $\mathcal{H}$. Ce qui signifie que si $f, g : B' \longrightarrow B$ sont des applications continues homotopes, $X \longrightarrow B$ un G-fibré principal, les fibrés principaux $f^*(X) \longrightarrow B'$ et $g^*(X) \longrightarrow B'$ sont isomorphes.

On montre ensuite que *le foncteur* FG *est représentable*, c'est à dire qu'il existe un G-fibré principal $EG \longrightarrow BG$ tel que le morphisme de foncteurs canonique

$$[-,BG] \longrightarrow F_G$$

soit un isomorphisme.

Les espaces topologiques EG et BG ne sont définis qu'à homotopie près. On dit que BG est le *classifiant* du groupe G, et que $EG \longrightarrow BG$ est un G-*fibré principal universel*.

On dispose d'un critère utile pour savoir si un G-fibré principal est universel : *Le G-fibré principal* $X \longrightarrow B$ *est universel si et seulement si* X *est contractile.*

b) Fibrations

Soit $p : E \longrightarrow B$ une application continue. On dit que c'est une *fibration* si pour toute application continue

$$\varphi : X \times [0,1] \longrightarrow B$$

telle que

$$\varphi_o : X \longrightarrow B$$

$$x \longmapsto \varphi(x,0)$$

se relève en $\phi_o : X \longrightarrow E$, il existe un prolongement de ϕ_o à $\phi : X \times [0,1] \longrightarrow E$ qui soit un relèvement de φ.

Supposons que B soit connexe par arcs. On peut montrer que toutes *les fibres de* B *sont homotopiquement équivalentes*. Plus précisément, étant donnés deux points b_o, b_1 de B, et un chemin γ de B de b_o à b_1 on a une équivalence d'homotopie

$$h(\gamma) : p^{-1}(b_o) \longrightarrow p^{-1}(b_1)$$

définie à homotopie près. La classe d'homotopie de $h(\gamma)$ ne dépend que de la classe d'homotopie à extrémités fixes de γ.

En particulier, $\pi_1(B,b_o)$ opère sur la fibre $p^{-1}(b_o)$ (plus exactement on a un morphisme canonique de $\pi_1(B,b_o)$ dans le groupe des équivalences d'homotopie $p^{-1}(b_o) \longrightarrow p^{-1}(b_o)$).

Soit q un entier ≥ 0 , F une fibre de p , R un anneau commutatif. On définit le faisceau $\{H^q(F,R)\}$ de la façon suivante : ses sections sur l'ouvert U de B est l'ensemble des familles $(h_u)_{u\in U}$, avec h_u dans $H^q(p^{-1}(u),R)$, telles que pour tout chemin γ dans U , d'extrémités U_o et U_1 , on ait $h_{u_1} = h(\gamma)(h_{u_o})$. C'est un faisceau localement constant. Dire qu'il est constant signifie que pour tout b dans B , $\pi_1(B,b_o)$ opère trivialement sur $H^q(p^{-1}(b_o),R)$.

On peut maintenant définir une suite spectrale de R-modules $(E_r^{p,q})$ telle que

$$E_2^{p,q} = H^p(B,\{H^q(F,R)\}),$$

convergeant vers $H^*(E,R)$.

C'est *la suite spectrale de Cartan-Serre de* p *à coefficients dans* R .

On dit que p *est* R-*orientable* si pour tout $q \geq 0$, le groupe $\pi_1(B)$ opère trivialement sur la cohomologie à coefficients dans R des fibres de p . Les faisceaux $\{H^q(F,R)\}$ sont alors constants et on a plus simplement

$$E_2^{p,q} = H^p(B,H^q(F,R)).$$

BIBLIOGRAPHIE

[Do] A. DOLD - *Partitions of unity in the theory of fibrations*. Annals of Math. 78.(1963), p. 223-255.

[Do2] A. DOLD - *Lectures on algebraic topology*. Grund der Math. Wiss. Band 200. Springer Verlag (1972).

[Hu] D. HUSEMOLLER - *Fibre bundles*. Graduate Texts in Math. 20. Springer Verlag (1966).

[Mi1] J. MILNOR - *On spaces having the homotopy type of a CW-complex*. Trans. Amer. Math. Soc. 90. (1959), p. 272-280.

[Mi2] J. MILNOR - *Morse Theory*. Annals of Math. Studies 51 (1969), Princeton University Press.

[Sp] E. SPANIER - *Algebraic topology*. Mc Graw-Hill series in higher Mathematics (1966).

Exposé n°4

FILTRATION DE HARDER-NARASIMHAN ET STRATIFICATION DE SHATZ

Alain BRUGUIERES

L'objet du présent exposé est la démonstration du théorème sur la stratification de Shatz (ici, théorème 4) avec un complément sur la lissité des strates, dû à J.M Drézet et J. Le Potier, dont nous suivons la démonstration. Le théorème 4 admet une variante analytique (ici, théorème 5) concernant la stratification de Shatz sur une variété analytique banachique introduite par Atiyah et Bott [A-B] . Cette variante se déduit du théorème 4 par une méthode due à J. Le Potier.

I.- FIBRES VECTORIELS - STABILITE

Soit X une *courbe projective lisse* sur un *corps algébriquement clos* k . Si V est un fibré vectoriel algébrique sur X , on lui associe les invariants numériques suivants :

- le rang $\operatorname{rg} V = r$
- le degré $\deg V = \deg(\det V)$ où $\det V = \Lambda^r V$ est un fibré en droites sur X
- la pente $\mu(V) = \deg V/\operatorname{rg} V$ définie pour $V \neq 0$.

Si $0 \longrightarrow V' \longrightarrow V \longrightarrow V'' \longrightarrow 0$ est une suite exacte de fibrés vectoriels sur X , alors on a :

$\operatorname{rg}(V) = \operatorname{rg}(V') + \operatorname{rg}(V'')$

$\deg(V) = \deg(V') + \deg(V'')$

donc, si V' et V'' sont non nuls, $\mu(V)$ est le barycentre de $\mu(V')$ et $\mu(V'')$ affectés des coefficients strictement positifs $\operatorname{rg}(V')$ et $\operatorname{rg}(V'')$ respectivement. D'autre part on a $\mu(V' \otimes V'') = \mu(V') + \mu(V'')$.

Soient V un fibré vectoriel sur X , et $\mathcal{F}$ un sous-faisceau cohérent de

V . Alors $\mathcal{F}$ est localement libre, car sans torsion, et, d'après l'exposé n°2, il existe un sous-fibré unique de V , de même rang que $\mathcal{F}$, et le contenant. Nous appelons ce sous-fibré le sous-fibré engendré par $\mathcal{F}$, et nous le notons $\overline{\mathcal{F}}$. On a : $\deg\overline{\mathcal{F}} \geq \deg\mathcal{F}$, et l'égalité a lieu si et seulement si $\mathcal{F}$ est un sous-fibré de V .

Stabilité

Définition : Le fibré vectoriel V sur X est stable (resp. semi-stable) si pour tout sous-fibré propre W (c'est à dire tout sous-fibré W , $W \neq 0$ et $W \neq V$) on a : $\mu(W) < \mu(V)$ (resp. $\mu(W) \leq \mu(V)$) .
Dans le cas contraire, V est non stable (resp. instable).

On a la proposition suivante, démontrée dans l'exposé n°2.

PROPOSITION 1 : *Soit* $q \in \mathbb{Q}$. *Les fibrés vectoriels sur* X , *semi-stables de pente* q , *ou nuls, constituent pour les morphismes de fibrés vectoriels sur* X *une catégorie abélienne stable par facteur direct et extension. Les objets simples de cette catégorie sont les fibrés stables de pente* q .

Sous-fibré de pente maximale

Soit E un fibré vectoriel sur X . Notons $\mu_m(E)$ la borne supérieure des pentes des sous-faisceaux (localement libres) non nuls de E . Par convention, on pose $\mu_m(E) = -\infty$ si E est nul.
Soit $\mathcal{H}(E)$ l'ensemble des sous-faisceaux V de E qui vérifient $V = 0$ ou $\mu(V) = \mu_m(E)$.
De tels sous-faisceaux sont en fait des *sous-fibrés* (car sinon on aurait $\mu(V) < \mu(\overline{V})$) *semi-stables*. On a la proposition suivante :

PROPOSITION 2 : *On a pour tout fibré vectoriel* E *sur* X :
1) $\mu_m(E) < +\infty$
2) $\mathcal{H}(E)$ *admet un plus grand élément* $G(E)$.
3) *Soit* F *un sous-fibré semi-stable, non nul, de* E .
Alors on a :

$$F = G(E) \Longleftrightarrow \mu_m(E/F) < \mu_m(E)$$

4) *Soit* F *un fibré semi-stable de pente* $q \in \mathbb{Q}$. *On a :*

$$\mathrm{Hom}(F,E) = 0 \text{ si } q > \mu_m(E)$$
$$\mathrm{Hom}(F,E) = \mathrm{Hom}(F,G(E)) \text{ si } q = \mu_m(E) .$$

Démonstration de la proposition 2

Partie 1) : Supposons $E \neq 0$. Il existe un fibré en droites L sur X tel que $E^* \otimes L$ soit engendré par ses sections. Le fibré E apparaît donc comme un sous-fibré de $k^n \otimes L$, pour un certain $n \in \mathbb{N}^*$. D'après la proposition 1

$k^n \otimes L$ est semi-stable, de pente $\deg L$. On a donc pour tout sous-faisceau $\mathcal{F}$ non nul de E : $\mu(\mathcal{F}) \leqq \deg L$, d'où $\mu_m(E) \leqq \deg L < +\infty$.

Partie 4), première assertion : Soit F un fibré semi-stable de pente q, et soit

$$u : F \longrightarrow E$$

un morphisme non nul. Alors $\ker u$ et $\operatorname{Im} u$ sont des faisceaux localement libres et on a la suite exacte :

$$0 \longrightarrow \operatorname{Ker} u \longrightarrow F \longrightarrow \operatorname{Im} u \longrightarrow 0 .$$

Comme F est semi-stable, on a $q = \mu(F) \leqq \mu(\operatorname{Im} u)$.
D'autre part, $\operatorname{Im} u$ est un sous-faisceau de E, donc $\mu(\operatorname{Im} u) \leqq \mu_m(E)$. On a donc bien :

$$\operatorname{Hom}(F,E) \neq 0 \Longrightarrow q \leqq \mu_m(E) .$$

Partie 2): supposons $E \neq 0$, et soit $G \in \mathcal{M}(E)$ de rang maximal. Montrons qu'on a : $\mu_m(E/G) < \mu_m(E)$.
On peut supposer $G \neq E$. Soit $F/G \subset E/G$ un sous-fibré non nul, de pente $\mu_m(E/G)$. On a la suite exacte :

$$0 \longrightarrow G \longrightarrow F \longrightarrow F/G \longrightarrow 0 ,$$

avec $\mu(G) = \mu_m(E)$ et $\mu(F) < \mu(G)$ car $\operatorname{rg} F > \operatorname{rg} G$, donc $\mu(F/G) = \mu_m(E/G) < \mu_m(E)$.
Soit $F \in \mathcal{M}(E)$. On a : $F \hookrightarrow E \longrightarrow E/G$, avec $\mu(F) = \mu_m(E) > \mu_m(E/G)$, donc la composée est nulle, et $F \subset G$. Donc G est le plus grand élément de $\mathcal{M}(E)$.

Partie 3), et seconde assertion de la partie 4).
On vient de voir $\mu_m(E/G(E)) < \mu_m(E)$ si $E \neq 0$.
Soit F semi-stable de pente $q = \mu_m(E)$ et u un morphisme : $F \longrightarrow E$. Comme on a $\mu_m(E/G(E)) < q$, la composée $F \longrightarrow E/G$ est nulle, donc $u \in \operatorname{Hom}(F,G(E))$, d'où la seconde assertion de la partie 4).
Enfin, soit F un sous-fibré semi-stable de E, et supposons $\mu_m(E/F) < \mu_m(E)$. On a : $G(E) \hookrightarrow E \longrightarrow E/F$, avec $\mu(G(E)) > \mu_m(E/F)$, donc $G(E) \subset F$.
Les deux fibrés étant semi-stables, on a $\mu(G(E)) \leqq \mu(F)$. Comme $F \subset E$, on en a fait l'égalité, d'où $G(E) = F$.

II.- DRAPEAU DE HARDER-NARASIMHAN

Soit E un fibré vectoriel sur la courbe X.

Définitions : On appelle *drapeau de* E une filtration de E par des *sous-fibrés :*

$$D = (0 = V_0 \subset V_1 \subset \ldots \subset V_{\ell-1} \subset V_\ell = E) .$$

L'entier $\ell \in \mathbb{N}$ est appelé *longueur du drapeau* D.

On appelle *gradué de* D le fibré vectoriel :

$$Gr(D) = \bigoplus_{i=1}^{\ell} Gr_i(D) \quad ,$$

où $Gr_i(D)$ est le fibré V_i/V_{i-1} .

On appelle *polynôme du drapeau* D , et on note P(D) , la ligne polygonale dans $\mathbb{R}^2$ formée par la suite des points :

$$P(V_i) = (rg(V_i), \deg(V_i)) \quad \text{pour} \quad 0 \leqq i \leqq \ell \ .$$

On appelle de même *drapeau généralisé de* E une filtration de E par des *sous-faisceaux localement libres* . Si $\mathcal{D}$ est un drapeau généralisé de E , on définit de même $P(\mathcal{D})$ et le gradué $Gr(\mathcal{D})$, qui est un faisceau cohérent sur X .

Le drapeau de Harder-Narasimhan

Définition : On appelle drapeau de Harder-Narasimhan du fibré vectoriel E tout drapeau D de E vérifiant :

1) $Gr_i(D)$ est semi-stable pour tout i .
2) la pente $\mu(Gr_i(D))$ est fonction strictement décroissante de i , pour $1 \leqq i \leqq \ell$ = longueur de D .

THEOREME 1 : *Tout fibré vectoriel* E *sur* X *admet un drapeau de Harder-Narasimhan unique* , D_E .

THEOREME 2 : *Soit* E *un fibré vectoriel sur* X , *et* $D_E = (0 \subset V_1 \subset \ldots \subset V_{\ell-1} \subset E)$ *son drapeau de Harder-Narasimhan. Soit* $\mathcal{L}$ *un sous-faisceau de* E .
Alors le point $P(\mathcal{L}) = (rg\mathcal{L}, \deg\mathcal{L})$ *est situé au-dessous du polygone* $P(D_E)$.
De plus, si $P(\mathcal{L})$ *appartient au segment* $[P(V_{i-1}), P(V_i)]$, *pour* $0 < i \leqq \ell$ *alors* $\mathcal{L}$ *est un sous-fibré vectoriel de* E , *et on a :* $V_{i-1} \subset \mathcal{L} \subset V_i$.

Le théorème 2 fournit une *interprétation simple* du polygone et du drapeau de Harder-Narasimhan.

En effet, considérons dans le plan $\mathbb{R}^2$ l'ensemble des points de la forme $(rg\mathcal{L}, \deg\mathcal{L})$, où $\mathcal{L}$ est un sous-faisceau localement libre de E . Son enveloppe convexe est délimitée vers le haut par une ligne polygonale, brisée, concave :

$$P_o = (0,0),\ P_1, \ldots,\ P_{\ell-1},\ P_\ell = (rg\,E, \deg E) \ .$$

Cette ligne brisée correspond au polygone de Harder-Narasimhan. De plus chaque point P_i correspond à un sous-faisceau unique V_i , et on a :

$$D_E = (V_o, V_1, \ldots, V_{\ell-1}, V_\ell = E) \ .$$

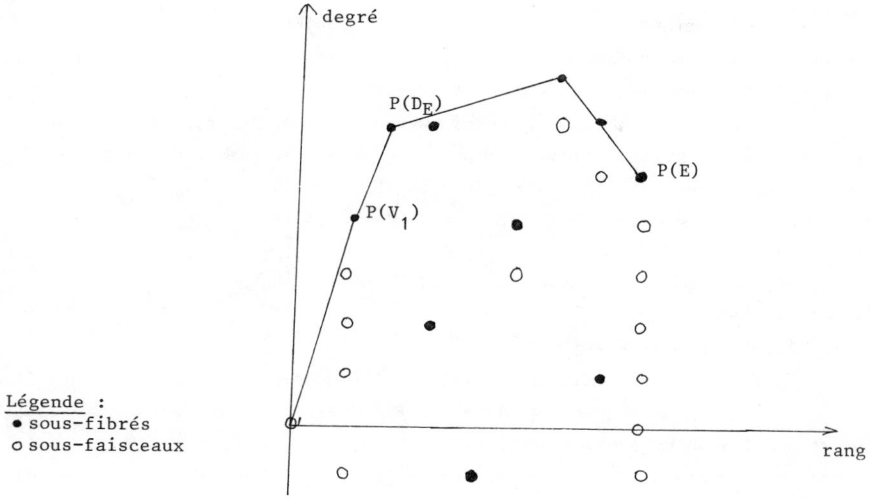

Figure 1

Les théorèmes 1 et 2, dûs à Harder et Narasimhan, dans le cas où X est une courbe, sont démontrés par Shatz dans un cadre plus général ([H-N], [S]).

Démonstration du théorème 1

Soit $D = (0 = E_o \subset E_1 \subset \ldots \subset E_\ell = E)$ défini comme suit :

$E_1 = G(E)$
$E_2/E_1 = G(E/E_1)$
$E_\ell/E_{\ell-1} = G(E/E_{\ell-1})$.

Comme on a $\mu_m(E/G(E)) < \mu_m(E)$ si $E \neq 0$, on voit que D est un drapeau de Harder-Narasimhan. Montrons à présent l'unicité du drapeau de Harder-Narasimhan par récurrence sur le rang de E, celle-ci étant évidente pour E semi-stable. Soit $D = (0 = G_o \subset G_1 \subset \ldots \subset G_\ell = E)$ un drapeau de Harder-Narasimhan de E. Alors $D' = (0 \subset G_2/G_1 \subset \ldots \subset G_{\ell}/G_1 = E/G_1)$ est un drapeau de Harder-Narasimhan de E/G_1. Un tel drapeau est unique par hypothèse de récurrence, donc il suffit pour montrer l'unicité de D, d'établir : $G_1 = G(E)$.

Or, on a $G_2/G_1 = G(E/G_1)$ et donc :

$$\mu_m(E/G_1) = \mu(G_2/G_1) < \mu(G_1) \leq \mu_m(E) .$$

D'après la proposition 2 on a bien $G_1 = G(E)$, et l'unicité.

Démonstration du théorème 2

On procède par récurrence sur la longueur du drapeau de Harder-Narasimhan de E , le cas où E est semi-stable étant évident.
Soit donc E instable, et $\mathcal{L}$ un sous-faisceau cohérent de E . Si $\mathcal{L} \in \mathcal{M}(E)$, on a $\mathcal{L} \subset G(E)$, premier terme du drapeau, d'où le théorème pour un tel $\mathcal{L}$.
On peut donc supposer $\mathcal{L} \neq 0$, et $\mu(\mathcal{L}) < \mu_m(E)$.
Considérons le morphisme $\mathcal{L} \xrightarrow{u} E/G(E)$
Soit $K = \operatorname{Ker} u$ et $\Lambda = \operatorname{Im} u$.
On a la suite exacte : $0 \longrightarrow K \longrightarrow \mathcal{L} \longrightarrow \Lambda \longrightarrow 0$, et donc

$$P(\mathcal{L}) = P(K) + P(\Lambda)$$
$$= \left[P(\Lambda) + P(G(E))\right] + \left[P(K) - P(G(E))\right] .$$

Comme Λ est un sous-faisceau de $E/G(E)$, l'hypothèse de récurrence s'applique à Λ , et on voit que le terme $\left[P(\Lambda) + P(G(E))\right]$ est situé au-dessous de $P(D_E)$, mais pas au-dessous du premier segment.
Le terme $\left[P(K) - P(G(E))\right]$ est un vecteur de pente supérieure à $\mu_m(E)$ (car $G(E)$ est semi-stable) et orienté vers le bas.
Comme le polygone $P(D_E)$ est concave, le point $P(\mathcal{L})$ est donc situé au-dessous de $P(D_E)$ (fig.2)

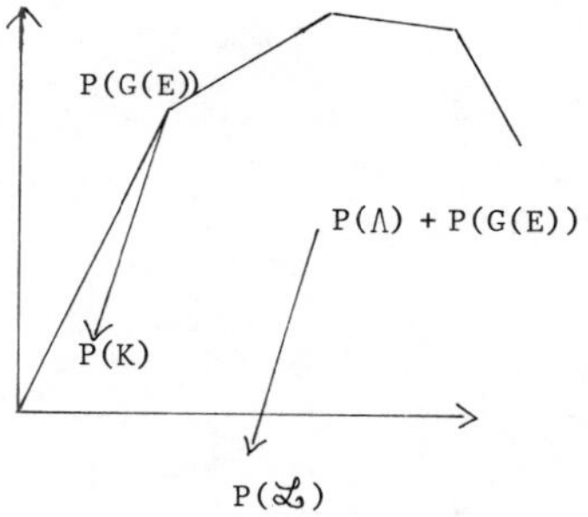

Figure 2

Pour que $P(\mathcal{L})$ soit sur le segment $P(V_{i-1})P(V_i)$, il faut : $P(K) = P(G(E))$, donc $G(E) \subset \mathcal{L}$, et $V_{i-1}/V_1 \subset \mathcal{L}/_{V_1} \subset V_i/V_1$, donc $G(E) \subset \mathcal{L}$, et $V_{i-1}/V_1 \subset \mathcal{L}/V_1 \subset V_i/V_1$ par hypothèse de récurrence, d'où $V_{i-1} \subset \mathcal{L} \subset V_i$.

DRAPEAU DE JORDAN-HOLDER

PROPOSITION 3 : *Soit* E *un fibré vectoriel semi-stable non nul, sur* X .
Il existe un drapeau $D = (0 \subset E_1 \subset \ldots \subset E_{v-1} \subset E_v = E)$ *de* E *vérifiant :*
1) $\mu(E_i) = \mu(E)$ $\forall i,\ 1 \leq i \leq v$
2) $Gr_i(D)$ *est stable* $\forall i,\ 1 \leq i \leq v$.
De plus les composantes $Gr_i(D)$ *sont uniques à isomorphisme et ordre près.*

Démonstration de la proposition 3 : cette proposition est un corollaire de la proposition 1.

Exemples

Remarquons qu'on a, par dualité de Serre :

$$Ext^1(W,V) \simeq Hom(V, W \otimes \omega_X)^* \ .$$

Si V et W sont semi-stables, avec $\mu(V) > \mu(W)$, et si d'autres part $\mu(\omega_X) \leq 0$ on voit que les extensions de W par V sont triviales.
Il en résulte que *sur une courbe de genre* $g \leq 1$, les *drapeaux* de *Harder-Narasimhan* sont *scindés*. Par contre, si $g \geq 2$, il existe des fibrés vectoriels dont les drapeaux de Harder-Narasimhan *ne sont pas scindés*.
Sur $\mathbb{P}^1$, les fibrés *stables* sont les fibrés en droites $\mathcal{O}_{\mathbb{P}^1}(d)$, $d \in \mathbb{Z}$, et les fibrés *semi-stables* sont de la forme :

$$k^n \otimes \mathcal{O}_{\mathbb{P}^1}(d) \ , \text{ pour } n \in \mathbb{N} \ , d \in \mathbb{Z} \ .$$

Le drapeau de Harder-Narasimhan correspond à une décomposition de la forme :

$$E = \bigoplus_{i=1}^{p} k^{n_i} \otimes \mathcal{O}_{\mathbb{P}^1}(d_i)$$

, les d_i décroissant strictement en fonction de i , et les n_i étant des entiers strictement positifs.

Si X *est une courbe elliptique*, les fibrés *indécomposables* sont *semi-stables* (car les drapeaux de Harder-Narasimhan sont scindés). Ils peuvent être de rang et degré *arbitraires*. Les *fibrés stables* sont les fibrés indécomposables dont le *rang* et le *degré* sont *premiers entre eux*.
Le drapeau de Harder-Narasimhan d'un fibré E s'obtient en écrivant E comme somme directe de fibrés indécomposables, et en regroupant les termes de même pente.
D'autre part, si E est *indécomposable* de rang r et de degré d , avec $h = (r,d)$, alors il y a *unicité* du drapeau de la proposition 3. Ce drapeau est de la forme :

$$D = (0 = E_o \subset E_1 \ldots \subset E_h = E) \ ,$$

où E_i est indécomposable de rang $ir/_h$ et degré id/h , pour tout $i \in \{0,1 \ldots h\}$
Ces faits résultent de l'étude des fibrés vectoriels sur les courbes elliptiques, par M.F Atiyah ([A]) .

III.- PREMIMINAIRES A L'ETUDE DE LA STRATIFICATION DE SHATZ

Espaces de drapeaux

Soit E un espace vectoriel sur k , de dimension finie n .
Soit $\underline{r} = (0 = r_o < r_1 < \ldots < r_{\ell-1} < r_\ell = n)$ une famille d'entiers.
Soit $Dr^{\underline{r}}(E)$ la variété projective lisse sur k des drapeaux de E de format $\underline{r}$.
Le groupe linéaire GL(E) agit transitivement sur $Dr^{\underline{r}}(E)$, et pour tout drapeau D de format $\underline{r}$, on a un isomorphisme :

$$Dr^{\underline{r}}(E) \simeq GL(E)/_{GL(E)_D} .$$

D'où *l'espace tangent* à $Dr^{\underline{r}}(E)$ au point D :

$$T_D Dr^{\underline{r}}(E) = Hom(E,E)/_{Hom_{D,-}(E,E)}$$

où $Hom_{D,-}(E,E)$ est l'ensemble des morphismes de E dans E qui respectent D .
On note ce quotient $Hom_{D,+}(E,E)$.
Si $\ell = 2$, et $D = (0 \subset K \subset E)$ on retrouve l'espace tangent à la grassmannienne :

$$Hom(E,E)/_{Hom_{D,-}(E,E)} \simeq Hom(K,E/K) .$$

PROPRIETE 1 : *Soit* $D = (0 \subset E_1 \subset \ldots \subset E_\ell = E)$ *un drapeau de* E ,
$D' = (0 \subset E_2/E_1 \subset \ldots \subset E_\ell/E_1 = E/E_1)$ *le drapeau de* E/E_1 *qui s'en déduit.*
On a la suite exacte courte naturelle :

$$0 \longrightarrow Hom_{D',+}(E/E_1,E/E_1) \longrightarrow Hom_{D,+}(E,E) \longrightarrow Hom(E_1,E/E_1) \longrightarrow 0 .$$

Démonstration : Soit $\underline{r}$ le format de D , et $\underline{r}'$ celui de D' .
On a :

$$Dr^{\underline{r}'}(E/E_1) \overset{i}{\hookrightarrow} D_R{}^{\underline{r}}(E) \overset{s}{\longrightarrow} Gr^{rgE_1}(E) ,$$

où s est une fibration localement triviale, et i la fibre en E_1 . On en déduit une suite exacte courte d'espaces tangents qui est celle de la propriété 1.

Schémas de drapeaux

Dans toute la suite, les schémas sont supposés *localement de type fini sur* k , et les morphismes sont sur k .

Soit S un schéma, et Z un schéma sur S .
Soit E une famille (algébrique) de fibrés vectoriels de rang r et degré d sur X , paramétrée par S . Il s'agit donc d'un fibré vectoriel sur $S \times X$, tel que pour tout $s \in S(k)$, le fibré E_s sur X soit de rang r et de degré d.

Soit P le polygone $((r_o,d_o),(r_1,d_1),\dots(r_\ell,d_\ell))$, où les r_i et les d_i sont des entiers vérifiant :

$$r_o = 0 < r_1 < r_2 \dots < r_\ell = r \quad \text{et} \quad d_o = 0,\ d_\ell = d \ .$$

Définitions : On appelle *famille de drapeaux généralisés de* E , *de polygone* P , *paramétrée par* Z , une filtration du fibré vectoriel E_Z sur $Z \times X$ par des sous-faisceaux :

$$0 = \mathcal{F}_o \subset \mathcal{F}_1 \dots \subset F_{\ell-1} \subset \mathcal{F}_\ell = E_Z$$

vérifiant de plus :

- le gradué $\bigoplus_{i=1}^{\ell} \mathcal{F}_i/\mathcal{F}_{i-1}$ est plat sur Z ,
- pour tout $z \in Z(k)$, $(0 \subset (\mathcal{F}_1)_Z \subset \dots \subset (\mathcal{F}_{\ell-1})_Z \subset E_Z)$ est un drapeau généralisé de E_z , de polygone P .

Si les $\mathcal{F}_i$ sont des *sous-fibrés* de E_Z , on parlera de *famille de drapeaux*.

THEOREME 3

1) *Il existe une famille universelle de drapeaux généralisés de* E , *de polygone* P . *Elle est paramétrée par un schéma* $\overline{\mathrm{Drap}}^P(E)$, *projectif sur* S . *Dans* $\overline{\mathrm{Drap}}^P(E)$, *les points rationnels sur* k *correspondant à des drapeaux, définissent un sous-schéma ouvert* $\mathrm{Drap}^P(E)$, *qui paramétrise une famille universelle de drapeaux de* E , *de polygone* P .

2) *Soit* $f \in \mathrm{Drap}^P(E)(k)$ *au-dessus de* $s \in S(k)$.

Soit D_f *le drapeau de* E_s *correspondant à* f .

On a alors

$$T_f \,\mathrm{Drap}^P(E)/S \simeq H^P(X, \underline{\mathrm{Hom}}_{D_f,+}(E_s,E_s))$$

De plus, si $H^1(X,\underline{\mathrm{Hom}}_{D_f,+}(E_s,E_s))$ *est nul,* f *est un point lisse de* $\mathrm{Drap}^P(E)_s$.

Démonstration : se reporter à [Gr] . L'existence des schémas de drapeaux (généralisés) provient par récurrence, de celle des schémas de quotients, d'où 1).

Pour les questions différentielles relatives, on se ramène au cas où E est un fibré vectoriel sur X .

Alors $\mathrm{Drap}^P(E)$ est un ouvert du schéma des sections du fibré $\mathrm{Dr}^{\underline{r}}(E)$ sur X . Ce fibré admet pour espace tangent relatif au point D au-dessus de $x \in X$: $\mathrm{Hom}_{D,+}(E_x,E_x)$.

Les résultats du paragraphe 5 de [Gr] s'appliquent donc pour prouver le 2).

IV.- STRATIFICATION DE SHATZ

Soit E une famille de fibrés vectoriels de rang r et degré d sur la courbe X , paramétrée par le schéma S . Pour tout $s \in S(k)$ le fibré vectoriel E_s sur X admet un drapeau de Harder-Narasimhan D_s et un polygone de Harder-Narasimhan $P_s = P(D_s)$.
Considérons l'ensemble $\mathcal{P}$ des polygones $P = ((r_o,d_o) ; (r_1,d_1) ; \ldots (r_\ell,d_\ell))$, où les r_i et les d_i sont des entiers, avec de plus :
1) $r_o = 0 < r_1 < r_2 \ldots < r_{\ell-1} < r_\ell = r$, $d_o = 0$ et $d_\ell = d$,
2) trois points consécutifs ne sont *pas alignés*.

De tels polygones peuvent être identifiés à des fonctions affines par morceaux de $[0,r]$ dans $\mathbb{R}$, d'où une relation d'ordre (partiel) sur $\mathcal{P}$ induite par l'ordre usuel sur $\mathbb{R}^{[0,r]}$.
Alors on a le théorème suivant :

THEOREME 4 : *Soit* P *un polygone appartenant à* $\mathcal{P}$.

1) *La partie* $F_P = \{s \in S(k),\ P_s > P\}$ *est un fermé de* S(k)
Soit Ω_P *le sous-schéma ouvert de* S *complémentaire de* F_P .
Alors $G_P = \{s \in S(k) ;\ P_s = P\}$ *est un fermé de* $\Omega_P(k)$.
Les G_P *non vides constituent, pour* P *décrivant* $\mathcal{P}$, *une partition localement finie de* S(k) .
2) *Supposons de plus :*
- S *lisse*
- *le morphisme de Kodaïra-Spencer :*

$$\omega_s : T_s S \longrightarrow \mathrm{Ext}^1(X;E_s,E_s)$$

est surjectif pour tout $s \in S(k)$.

Alors G_P *est l'ensemble des points rationnels sur* k *d'un sous-schéma fermé lisse de* Ω_P , *d'espace normal en* $s \in G_P$:

$$H^1(X;\underline{\mathrm{Hom}}_{D_{s,+}}(E_s,E_s)) .$$

La partie 1) du théorème est due à Shatz ([S]) , la partie 2) est due à Drézet et le Potier, qui démontrent un résultat analogue sur $\mathbb{P}^2$. Cette démonstration est ici reproduite dans le cas d'une courbe ([D-LP]) .

Démonstration du théorème

Partie 1) : Soit $P \in \mathcal{P}$. On a le morphisme *projectif :*

$$\overline{\mathrm{Drap}}^{\,P}(E) \xrightarrow{\pi^P} S$$

Soit $\bar{D}_P$ l'image par π^P de $\overline{\mathrm{Drap}}^{\,P}(E)(k)$.
C'est donc un fermé de S(k) , et on a :

$$\bar{D}_P \subset \{s \in S(k),\ P_s \geq P\}$$

En effet, si $s \in \bar{D}_P$, E_s admet un drapeau généralisé de polygone P , et on a $P_s \geqq P$ par le théorème 2, du fait que P_s est concave.

On en déduit : $F_P = \bigcup_{Q > P} \bar{D}_Q$.

Pour que F_P soit fermé, il suffit que $(\bar{D}_Q)_{Q > P}$ soit localement fini. Cela résulte du lemme suivant.

<u>LEMME 1</u> : *L'application de* $S(k)$ *dans* $\mathcal{P}$ *qui à* s *associe* P_s *est localement majorée par une constante.*

<u>Démonstration du lemme 1</u>

Soit $s \in S(k)$. Considérons le fibré E_s^* sur X .

Il existe $\delta \in \mathbb{N}$ tel que, pour tout fibré en droites L de degré $\delta - 1$ sur X on ait :

$$H^1(E_s^* \otimes L) = 0 \ .$$

Par le théorème de semi-continuité, et du fait que $\mathrm{Pic}_{\delta-1} X$ est propre, une telle propriété reste valable dans un voisinage U de s dans S .

Soit Λ fibré en droites de degré δ sur X .

On a, pour tout $s' \in U(k)$ et $x \in X$:

$$H^1(E_{s'}^* \otimes \Lambda \otimes \mathcal{O}_X(-x)) = 0 \ .$$

Cela implique que $E_{s'}^* \otimes \Lambda$ est engendré par ses sections. On a donc :

$$E_{s'} \hookrightarrow \Lambda \otimes k^n \quad \text{pour un certain } n \in \mathbb{N}^* \ .$$

Comme nous l'avons déjà vu, il en résulte que la pente des sous-fibrés de $E_{s'}$ est majorée par $\delta = \deg \Lambda$. Le polygone de Harder-Narasimhan de $E_{s'}$ est donc au-dessous de la droite : $y = \delta x$, lorsque $s' \in U(k)$; *d'où le lemme.*

Par conséquent, F_P est bien *fermé*. D'autre part, pour tout $s \in S(k)$, P_s est au-dessus du segment $[0,(r,d)]$. Il résulte du lemme que l'application $s \longmapsto P_s$ ne prend, localement, qu'un nombre fini de valeurs. Les G_P constituent donc bien une partition localement finie de $S(k)$. Reste à voir que G_P est fermé dans Ω_P .

Considérons le diagramme :

$$\begin{array}{ccc} \mathrm{Drap}^P(E) & \hookrightarrow & \overline{\mathrm{Drap}}^P(E) \\ & & \Big\downarrow \pi^P \\ \Omega_P & \hookrightarrow & S \end{array} \ .$$

Soit $s \in \Omega_P(k)$, c'est à dire tel que $P_s \not> P$. Alors, $(\pi^P)^{-1}(s)$ est l'ensemble des drapeaux généralisés de E_s , de polygone P .

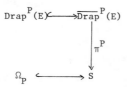

Soit $\mathcal{D}$ un tel drapeau, à supposer qu'il en existe. On a :

$$P \nleq P_s \geq P_{\mathcal{D}} = P \quad .$$

D'où $P = P_s$, et $\mathcal{D} = D_{E_s}$ d'après le théorème 2. On a donc :

$$\begin{array}{ccc} (\pi^P)^{-1}(\Omega_P) & \subset & \mathrm{Drap}^P(E) \\ \pi \big\downarrow & & \\ \Omega_P & & \end{array} \qquad \text{où} \quad \pi = \pi^P\,|\,(\pi^P)^{-1}(\Omega_P) \quad .$$

Le morphisme π est projectif, injectif, et G_P est l'ensemble des points rationnels sur k de son image.

C'est donc un fermé de $\Omega_P(k)$, d'où la partie 1) du théorème.

<u>Partie 2)</u>: Nous suivons la démonstration de [D-LP] , en l'adaptant au cas où X est une courbe, qui est plus simple.

La démonstration consiste à étudier le morphisme :

$$\pi : (\pi^P)^{-1}(\Omega_P) \longrightarrow \Omega_P \quad .$$

C'est une *immersion au sens différentiel*. En effet, d'après le théorème 3, l'espace tangent relatif à $\mathrm{Drap}^P(E)$ en un point F_s , drapeau de E_s , est isomorphe à :

$$H^0(X;\underline{\mathrm{Hom}}_{F_s,+}(E_s,E_s)) \quad .$$

Il s'agit donc de montrer que si $F_s = D_s$, cet espace est nul.

Soit donc E un fibré vectoriel sur X , et D_E son drapeau de Harder-Narasimhan. Montrons par récurrence sur la longueur de D_E :

$$H^0(X;\underline{\mathrm{Hom}}_{D_{E},+}(E,E)) = 0 \quad .$$

La propriété est triviale si E est semi-stable. Soit donc E instable, et $E' = E/G(E)$. D'après la propriété 1, on a la suite exacte courte :

$$0 \longrightarrow \underline{\mathrm{Hom}}_{D_{E'},+}(E',E') \longrightarrow \underline{\mathrm{Hom}}_{D_{E},+}(E,E) \longrightarrow \underline{\mathrm{Hom}}(G(E),E/G(E)) \longrightarrow 0 \quad .$$

Le premier terme n'a pas de sections globales (autres que 0) par hypothèse de récurrence. Le dernier terme n'en a pas plus, car $\mu_m(E/G(E)) < \mu(G(E))$. D'où

$$H^0(X,\underline{\mathrm{Hom}}_{D_{E},+}(E,E)) = 0 \quad .$$

Pour continuer, il faut des renseignements sur l'espace tangent à $\mathrm{Drap}^P(E)$, d'où l'intérêt de la proposition suivante :

<u>PROPOSITION 4</u> : *Dans les conditions de la première partie du théorème* 4 , *soit* $s \in S(k)$ *et* D *un drapeau de polygone* P *de* E_s . *Alors on a la suite exacte :*

$$0 \longrightarrow T_D\mathrm{Drap}^P(E)_{/S} \longrightarrow T_D\mathrm{Drap}^P(E) \longrightarrow T_s S \xrightarrow{\omega^+} H^1(X,\underline{\mathrm{Hom}}_{D,+}(E_s,E_s)) \quad ,$$

où ω^+ *est le morphisme rendant commutatif le diagramme :*

$$\begin{array}{ccc} T_s S & \xrightarrow{\omega_s} & H^1(X,\underline{Hom}(E_s,E_s)) \\ & \searrow^{\omega^+} & \downarrow \\ & & H^1(X,\underline{Hom}_{D,+}(E_s,E_s)) \end{array} .$$

(par ω_s , on entend le morphisme de Kodaira-Spencer).

Démonstration de la Proposition 4

L'énoncé étant local par rapport à S , on peut supposer l'hypothèse suivante vérifiée :

Le fibré E est un quotient de G_S , où G est un fibré sur X , de la forme : $G = k^n \otimes L$, $L \in \mathrm{Pic}\, X$. De plus, pour tout $s' \in S(k)$, $H^1(E_{s'} \otimes L) = 0$.

En effet, soit L un fibré en droites sur X , vérifiant :

1) $H^1(E_s \otimes L^*) = 0$

2) $E_s \otimes L^*$ est engendré par ses sections.

Soit G_S le fibré correspondant sur $S \times X$. On a :

$$\begin{array}{ccc} & & \underline{Hom}(G_S,E) \\ & & \downarrow \\ S & \xleftarrow{p_S} & S \times X \end{array}$$

Quitte à restreindre S , on a : $H^1(E_{s'} \otimes L^*) = 0$ pour tout $s' \in S(k)$ par le théorème de semi-continuité. On a donc :

$$p_{S\,*}\, \underline{Hom}(G_S,E) \otimes k(s) \simeq \mathrm{Hom}(k^n \otimes L,E_s) \quad .$$

D'où, quitte à restreindre S , l'existence d'un morphisme

$$G_S \xrightarrow{u} E$$

dont la restriction à $s \times X$ soit surjective. Comme X est propre, une dernière réduction de S assure la surjectivité de u .

Nous supposons donc l'existence d'une suite exacte :

$$0 \longrightarrow K \longrightarrow G_S \xrightarrow{u} E \longrightarrow 0 \quad .$$

Soit $Q = ((0,0),\ (\mathrm{rg}K_s,\deg K_s),(\mathrm{rg}G,\deg G))$.

Soit $P' = ((0,0),\ P + (\mathrm{rg}K_s,\deg K_s))$.

On a alors la double flèche :

$$S \times \mathrm{Drap}^{P'}(G) \ \underset{j \circ p_2}{\overset{f \circ p_1}{\rightrightarrows}} \ \mathrm{Drap}^{Q}(G) \quad ,$$

où $f : S \longrightarrow \mathrm{Drap}^Q(G)$ associe au point $s \in S(k)$ le drapeau $(0 \subset K_s \subset G)$, et :

$$j : \mathrm{Drap}^{P'}(G) \longrightarrow \mathrm{Drap}^Q(G)$$

est le morphisme évident, qui est évoqué dans la démonstration de la propriété 1.

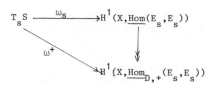

Le *noyau* de cette double flèche s'identifie à $\mathrm{Drap}^P(E)$, car la donnée d'un drapeau de E_s de polygone P équivaut à celle d'un drapeau de G de polygone P' et de premier terme K_s .

On a donc, au niveau des espaces tangents, la suite exacte suivante :

$$0 \longrightarrow T_D\mathrm{Drap}^P(E) \longrightarrow T_sS \oplus T_{D'}\mathrm{Drap}^{P'}(G) \xrightarrow{\tau} \mathrm{Hom}(K_s,E_s)$$

où D' est le drapeau $(0,u^{-1}(D))$, et τ est le morphisme :

$$a \oplus b \longmapsto \tau(a \oplus b) = +\,T_sf(a) - T_{D'}j(b) \quad .$$

Le morphisme $T_{D'}j$ se déduit de la suite exacte :

$$0 \longrightarrow \underline{\mathrm{Hom}}_{D,+}(E_s,E_s) \longrightarrow \underline{\mathrm{Hom}}_{D',+}(G,G) \xrightarrow{u} \underline{\mathrm{Hom}}(K_s,E_s) \longrightarrow 0 \quad ,$$

car on a $T_{D'}j = H^o(u)$.

Pour identifier T_sf , on a le lemme suivant :

<u>LEMME 2</u> : *On a* $\omega^+ = \delta^+ \circ T_sf$ *, où* δ^+ *est le connectant :*

$$\mathrm{Hom}(K_s,E_s) \xrightarrow{\delta^+} H^1(X,\underline{\mathrm{Hom}}_{D,+}(E_s,E_s)) \quad .$$

Avant de démontrer ce lemme, terminons grâce à lui la démonstration de la proposition.

Considérons le diagramme :

$$\begin{array}{ccccccc}
0 & \longrightarrow & T_D\mathrm{Drap}^P(E) & \longrightarrow & T_sS \oplus T_{D'}\mathrm{Drap}^{P'}(G) & \xrightarrow{\tau} & \mathrm{Hom}(K_s,E_s) \\
 & & \Big\| & \circlearrowleft & \Big\downarrow pr_1 & \circlearrowleft & \Big\downarrow \delta^+ \\
 & & T_D\mathrm{Drap}^P(E) & \xrightarrow{h} & T_sS & \xrightarrow{\omega^+} & H^1(\underline{\mathrm{Hom}}_{D,+}(E_s,E_s))
\end{array}$$

On a : $\mathrm{Ker}\ \delta^+ = \mathrm{Im}\ T_{D'}j$, et $\delta^+ \circ T_sf = \omega^+$.

Comme $\tau(a \oplus b) = T_sf(a) - T_{D'}j(b)$, on déduit de l'exactitude de la première ligne, celle de la seconde.

D'où l'exactitude de la suite de la proposition en T_sS . Les autres sont évidentes, donc la proposition est démontrée.

<u>Démonstration du lemme 2</u>

Il s'agit de montrer que le carré suivant est commutatif :

$$\begin{array}{ccc}
T_sS & \xrightarrow{T_sf} & \mathrm{Hom}(K_s,E_s) \\
\Big\downarrow \omega & & \Big\downarrow \delta^+ \\
H^1(\underline{\mathrm{End}}(E_s)) & \longrightarrow\!\!\!\!\rightarrow & H^1(\underline{\mathrm{Hom}}_{D,+}(E_s,E_s))
\end{array}$$

Or on a un morphisme de suites exactes courtes ;

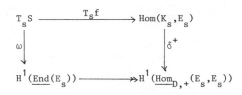

$$\begin{array}{ccccccccc}
0 & \longrightarrow & \underline{Hom}(E_s,E_s) & \longrightarrow & \underline{Hom}(G,E_s) & \longrightarrow & \underline{Hom}(K_s,E_s) & \longrightarrow & 0 \\
 & & \downarrow & & \downarrow & & \| & & \\
0 & \longrightarrow & \underline{Hom}_{D,+}(E_s,E_s) & \longrightarrow & \underline{Hom}_{D',+}(G,G) & \longrightarrow & \underline{Hom}(K_s,E_s) & \longrightarrow & 0
\end{array}$$

d'où la commutativité du triangle :

$$\begin{array}{ccc}
 & & Hom(K_s,E_s) \\
 & \swarrow^{\partial} & \downarrow \delta^+ \\
H^1(\underline{End}(E_s)) & \longrightarrow & H^1(\underline{Hom}_{D,+}(E_s,E_s))
\end{array}$$

où ∂ est le connectant de la première suite exacte.

On se ramène donc à montrer la commutativité du triangle :

$$\begin{array}{ccc}
T_sS & \xrightarrow{T_sf} & Hom(K_s,E_s) \\
\omega\downarrow & \swarrow_{\partial} & \\
H^1(\underline{End}(E_s)) & &
\end{array}$$

Or, on a les suites exactes :

$$0 \longrightarrow K \longrightarrow G_S \longrightarrow E \longrightarrow 0$$

et

$$0 \longrightarrow T_sS^* \longrightarrow \mathcal{O}_s/m_s^2 \longrightarrow \mathcal{O}_s/m_s \longrightarrow 0$$

(cette dernière étant une suite exacte de $\mathcal{O}_s/m_s$ -modules, scindée de façon canonique).

En tensorisant (sur $\mathcal{O}_{S\times X}$) on obtient le diagramme :

$$\begin{array}{cccccccccc}
 & & & & & & (2) & & \\
 & & 0 & & 0 & & 0 & & \\
 & & \downarrow & & \downarrow & & \downarrow & & \\
 & 0 \longrightarrow & T_sS^*\boxtimes K_s & \longrightarrow & K/m_s^2K & \longrightarrow & K_s & \longrightarrow 0 & \\
 & & \downarrow & & \downarrow & & \downarrow & & \\
(1) & 0 \longrightarrow & T_sS^*\boxtimes G & \longrightarrow & G/m_s^2G & \underset{\sigma}{\overset{\curvearrowleft}{\longrightarrow}} & G & \longrightarrow 0 & \\
 & & \downarrow & & \downarrow & & \downarrow & & \\
(3) & 0 \longrightarrow & T_sS^*\boxtimes E_s & \longrightarrow & E/m_s^2E & \longrightarrow & E_s & \longrightarrow 0 & \\
 & & \downarrow & & \downarrow & & \downarrow & & \\
 & & 0 & & 0 & & 0 & &
\end{array}$$

où lignes et colonnes sont des suites exactes de fibrés vectoriels sur X .
La suite exacte (1) est *canoniquement scindée* car G est sur X . D'où un morphisme de suites exactes :

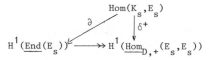

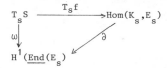

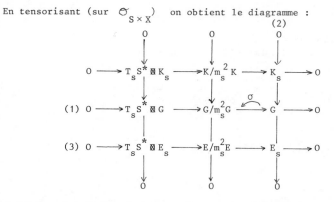

$$\begin{array}{lccccccccc}
(2) & 0 & \longrightarrow & K_s & \longrightarrow & G & \longrightarrow & E_s & \longrightarrow & 0 \\
 & & & \downarrow{\scriptstyle\varphi} & & \downarrow{\scriptstyle p_1\circ\sigma} & & \| & & \\
(3) & 0 & \longrightarrow & T_sS^* \otimes E_s & \longrightarrow & E/m_s^2E & \longrightarrow & E_s & \longrightarrow & 0
\end{array}$$

Le morphisme φ est l'opposé du morphisme induit par $T_sf : T_sS \longrightarrow \mathrm{Hom}(K_s,E_s)$. D'autre part, l'extension définie par (3) n'est autre que le morphisme de Kodaira-Spencer :

$$\omega_s \in \mathrm{Ext}^1(E_s,T_sS^* \otimes E_s) = \mathrm{Hom}(T_sS,\mathrm{Ext}^1(E_s,E_s)) \quad .$$

En appliquant le foncteur $\mathrm{Hom}(\circ\, ,T_sS^* \otimes E_s)$ au diagramme, on obtient le carré commutatif :

$$\begin{array}{ccccc}
\varphi & \mathrm{Hom}(K_s,T_sS^* \otimes E_s) & \xrightarrow{\ \partial\ } & \mathrm{Ext}^1(E_s,T_sS^* \otimes E_s) & \\
\uparrow & \uparrow & & \| & \\
\mathrm{Id} & \mathrm{Hom}(T_sS^* \otimes E_s,T_sS^* \otimes E_s) & \longrightarrow & \mathrm{Ext}^1(E_s,T_sS^* \otimes E_s) & \\
 & \mathrm{Id} & \longmapsto & -\omega &
\end{array}$$

On a donc : $+\omega = -\partial \circ \varphi = +\partial \circ T_sf$, d'où le lemme.

<u>Fin de la démonstration du théorème</u>

Reprenons les notations de la proposition, et supposons de plus ω_s *surjectif*. D'après le critère de lissité du théorème 3, $\mathrm{Drap}^Q G$ est lisse au voisinage de K_s , et $\mathrm{Drap}^{P'} G$ est lisse au voisinage de D' .

Il suffit de démontrer :

$$\mathrm{Ext}^1(K_s,E_s) = 0$$

et

$$H^1(\underline{\mathrm{Hom}}_{D',+}(G,G')) = 0 \quad .$$

La première égalité résulte de $\mathrm{Ext}^1(G,E_s) = 0$, d'après le choix de G . La seconde provient de la suite exacte :

$$\mathrm{Hom}(K_s,E_s) \xrightarrow{\ \delta^+\ } H^1(\underline{\mathrm{Hom}}_{D,+}(E_s,E_s)) \longrightarrow H^1(\underline{\mathrm{Hom}}_{D',+}(G,G)) \longrightarrow 0 \quad .$$

Il suffit donc de vérifier que δ^+ est *surjectif*.

Or, on a le diagramme commutatif :

$$\begin{array}{ccc}
T_sS \oplus T_{D'}\mathrm{Drap}^{P'}(G) & \xrightarrow{\ \tau\ } & \mathrm{Hom}(K_s,E_s) \\
\downarrow{\scriptstyle p_1} & & \downarrow{\scriptstyle \delta^+} \\
T_sS & \xrightarrow{\ \omega^+\ } & H^1(\underline{\mathrm{Hom}}_{D,+}(E_s,E_s))
\end{array}$$

Par hypothèse ω_s est surjectif donc ω^+ l'est aussi, et comme p_1 est surjec-

tif , δ^+ doit l'être aussi. D'où les lissités voulues.
Remarquons que $\mathrm{Im}\,\tau$ contient le noyau de δ^+ , donc τ *aussi est surjective.*

Revenons à la double flèche :

$$S \times \mathrm{Drap}^{P'}(G) \rightrightarrows \mathrm{Drap}^{Q}G ,$$

et ajoutons enfin l'hypothèse que S est lisse. Tous les schémas sont lisses (aux points qui nous intéressent) et le morphisme τ , la dérivée de la double flèche, est surjectif. Il en résulte, par le théorème de submersion, que le noyau de la double flèche est lisse.

Revenons à notre morphisme π :

$$\pi \; \Big\downarrow \begin{matrix} (\pi^P)^{-1}(\Omega_P) \\ \downarrow \\ \Omega_P \end{matrix}$$

Ce morphisme est projectif, injectif, et c'est une immersion au sens différentiel. Les schémas de départ et d'arrivée sont lisses. Le morphisme π est donc un plongement fermé (au sens algébrique).
Son image a pour points rationnels sur k les points de G_P , et la proposition tion 4 fournit l'espace normal : c'est l'image de ω^+ , donc $H^1(X,\underline{\mathrm{Hom}}_{D,+}(E_s,E_s)$ car ω^+ est surjectif.

(Fin de la démonstration du théorème 4).

<u>COROLLAIRE 1</u> à la démonstration du théorème 4.

L'application qui associe à $s \in G_P$ *le drapeau de Harder-Narasimhan* D_s *de* E_s *provient d'un morphisme du sous-schéma localement fermé, réduit, de* S *, défini par* G_P *, dans le schéma* $\mathrm{Drap}^P(E)$.

V.- <u>STRATIFICATION DE SHATZ SUR UNE VARIETE BANACHIQUE</u>

On suppose désormais $k = \mathbb{C}$, et on adopte le point de vue analytique. La courbe X est une *surface de Riemann.*
Soit $O_X(1)$ un fibré en droites, très ample, sur X .
Soit E_o un fibré vectoriel complexe de classe $\mathcal{C}^\nu$ sur X , de rang r et de degré d, ν étant un réel > 1 , *non entier.*

Considérons le foncteur $\underline{F}$ défini sur la catégorie des variétés analytiques banachiques, à valeurs dans la catégorie des ensembles :

$$S \longrightarrow \underline{F}(S) = \{(E,\tau)\}/\mathcal{R}'$$

où E est un fibré vectoriel analytique sur $S \times X$, et τ une trivialisation $\mathcal{C}^\nu$ de E , c'est à dire un isomorphisme : $S \times E_o \xrightarrow{\tau} E$ de classe $\mathcal{C}^\nu$, analytique par rapport à S , la relation d'équivalence $\mathcal{R}'$ étant définie par :

$$(E,\tau)\ \mathcal{R}'(E',\tau') \Longleftrightarrow \exists\, \varphi \in \mathrm{Isom}(E,E') \text{ tel que } \tau' = \varphi\circ\tau .$$

D'après l'exposé 1, on a la proposition suivante :

PROPOSITION 5 : *Le foncteur* F *est représentable. La variété analytique banachique* F *qui le représente est un espace affine de Banach.*

La variété F est en fait l'ensemble des structures analytiques complexes sur E_o, ou, de façon équivalente, l'espace des opérateurs d" sur E_o.

On a un fibré vectoriel analytique universel $\mathcal{U}$ sur $F\times X$, avec une trivialisation $\mathcal{C}^\nu$ universelle :

$$F\times E_o \xrightarrow{\sim} \mathcal{U}$$

Pour tout $s\in F$, on a un fibré vectoriel analytique $\mathcal{U}_s$ sur X. Le théorème suivant "généralise" le théorème 4 :

THEOREME 5 : *Soit* $P\in\mathcal{P}$

1) *Soit* $F_P = \{s\in F \;;\; P_{\mathcal{U}_s} > P\}$.
C'est un fermé analytique de F.
Soit $G_P = \{s\in F \,,\, P_{\mathcal{U}_s} = P\}$.
C'est une partie localement fermée de F *(au sens analytique).*
Les G_P *constituent, pour* P *décrivant* $\mathcal{P}$, *une partition localement finie de* F.

2) *La partie* G_P *de* F *est lisse, et son espace normal en* s *est isomorphe à*

$$H^1(X;\underline{\mathrm{Hom}}_{D_{\mathcal{U}_s},+}(\mathcal{U}_s,\mathcal{U}_s)) .$$

De plus le drapeau $D_{\mathcal{U}_s}$ *dépend analytiquement de* s *lorsque celui-ci décrit* G_P.

La fin du présent exposé consiste à démontrer le théorème 5 en se ramenant au théorème 4 par une méthode due à Le Potier.

Soit $N\in\mathbb{N}^*$ et $m\in\mathbb{Z}$. Considérons le foncteur $\underline{\Phi}_{N,m}$ de la catégorie des variétés analytiques Banachiques à valeurs dans la catégorie des schémas :

$$S \longmapsto \underline{\Phi}_{N,m}(S) = \{(E,p)\}/\mathcal{R}''$$

où E est une famille de fibrés analytiques de rang r et degré d sur X, paramétrée par S, et p un morphisme surjectif :

$$\mathbb{C}^N \otimes \mathcal{O}_{S\times X}(-m) \longrightarrow E$$

vérifiant pour tout $s\in S$:

1) p_s induit un isomorphisme $\mathbb{C}^N \longrightarrow H^o(E_s(m))$
2) $H^1(E_s(m)) = 0$;

la relation d'équivalence $\mathcal{R}''$ étant définie par :

$$(E,p)\,\mathcal{R}''\,(E',p') \iff \exists\,\varphi \in \mathrm{Isom}(E,E') \text{ tel que } p' = \varphi \circ p \ .$$

On a alors la proposition suivante :

<u>PROPOSITION 6</u> : *Le foncteur* $\underline{\Phi}_{N,m}$ *est représenté par une variété quasi-projective lisse* $\Phi_{N,m}$.

<u>Démonstration de la proposition 6</u>

On se *ramène au cas* $m = 0$ en tensorisant par $\mathcal{O}_X(m)$.
Soit $\mathrm{Quot}^{(r,d)}(\mathbb{C}_X^N)$ le schéma algébrique projectif des quotients cohérents de $\mathbb{C}_X^N$ de rang r et de degré d .
Soit W l'ouvert *lisse* de $\mathrm{Quot}^{(r,d)}(\mathbb{C}_X^N)$ des quotients Q , localement libres, vérifiant :
1) le morphisme $\mathbb{C}_X^N \twoheadrightarrow Q$ induit un isomorphisme $\mathbb{C}^N \xrightarrow{\sim} H^o(Q)$,
2) $H^1(Q) = 0$.
Alors $\Phi_{N,0}$ est la variété analytique W_{an} associée à W . En effet, on a une suite exacte universelle :

$$0 \longrightarrow K \longrightarrow \mathbb{C}^N_{W_{an}\times X} \xrightarrow{\ Pu\ } U \longrightarrow 0 \ .$$

Pour toute variété analytique banachique S , et tout $(E,p) \in F(S)$ il existe une application unique :

$$\Psi : S \longrightarrow W_{an}$$

telle qu'on ait, pour tout $s \in S$: $\mathrm{Ker}\ p_s = K_{\Psi(s)}$.
Il suffit de montrer que Ψ est *analytique*. Cela résulte du lemme suivant.

<u>LEMME 2</u> : *Il existe* $(x_1,\dots x_M) \in X^M$ *tel que le morphisme :*

$$\mathrm{ev} : W_{an} \longrightarrow \left[Gr^{N-r}(\mathbb{C}^N)\right]^M$$

$$Q \longmapsto \mathrm{ev}(Q) = (K_{Q,x_1},\dots K_{Q,x_M})$$

soit un plongement analytique.

L'analyticité de Ψ résulte du lemme, car on a le diagramme commutatif suivant :

$$\begin{array}{ccc} S & \xrightarrow{\ \Psi\ } & W_{an} \\ & {}_{ev_S}\searrow \quad \swarrow_{ev} & \\ & \left[Gr^{N-r}(\mathbb{C}^N)\right]^M & \end{array}$$

où ev_S est le morphisme analytique défini par :

$$ev_S(s) = ((\ker p_s)_{x_1},\dots,(\ker p_s)_{x_M}) \ .$$

<u>Démonstration du lemme 2</u>

Il existe un entier M tel que pour tous Q,Q' quotients de rang r et degré d de $\mathbb{C}_X^N$, on ait :

$$H^o(K_Q^* \otimes Q' \otimes L^*) = 0 \quad \text{pour tout} \quad L \in Pic_M X \ .$$

Soient $x_1,\dots x_M$, M points distincts de S .
On a le diagramme commutatif :

$$\begin{array}{ccc} W_{an} & \xrightarrow{ev} & G = \left[Gr^{N-r}(\mathbb{C}^N)\right]^M \\ {\scriptstyle i}\downarrow & \nearrow_{\overline{ev}} & \\ \overline{\Gamma} & & \end{array}$$

où Γ désigne le graphe de ev, et $\overline{\Gamma}$ l'adhérence de Γ dans $\overline{W}_{an} \times G$.
L'espace $\overline{W}_{an}$ est l'espace analytique associé à l'adhérence de W dans $Quot^{(r,d)}(\mathbb{C}^N_X)$, qui est un schéma projectif. C'est donc un compact, ainsi que $\overline{\Gamma}$. Le morphisme $\overline{ev}$ est induit par la projection sur le second facteur.
On a les propriétés suivantes :

1) ev est une immersion locale injective
2) $Im(ev)$ et $\overline{ev}(\overline{\Gamma}\backslash i(W_{an}))$ sont disjoints.

Par compacité de $\overline{\Gamma}$, il en résulte que ev est ouverte. C'est donc un plongement analytique.
Montrons les propriétés 1) et 2) .
Soit $(Q,(V_1,\dots V_M)) \in \Gamma$
$\quad (Q',(V_1',\dots V_M')) \in \overline{\Gamma}$.

On a un morphisme $u : K_{Q'} \longrightarrow Q$, provenant du diagramme $K_{Q'} \longrightarrow \mathbb{C}^N_X \longrightarrow Q$.
Au niveau de $x_i \in X$, on a le diagramme commutatif :

$$\begin{array}{ccccc} (K_{Q'})_{x_i} & \longrightarrow & \mathbb{C}^N & \twoheadrightarrow & Q_{x_i} \\ \downarrow & & \| & & \uparrow \wr \\ V_i' & \hookrightarrow & \mathbb{C}^N & \twoheadrightarrow & \mathbb{C}^N/V_i \end{array} .$$

Si $V_i = V_i'$ pour tout i , alors u s'annule aux points x_i , donc provient d'un morphisme : $K_{Q'} \longrightarrow Q(-x_1 - x_2 \dots - x_M)$. D'après le choix de M , un tel morphisme est nul. On a donc $K_{Q'} = K_Q$, d'où $Q = Q'$.
On montre de même l'injectivité sur les espaces tangents aux points de Γ , d'où le lemme, et la proposition.

On a sur $\Phi_{N,m} \times X$ un fibré universel U , avec une suite exacte universelle :

$$0 \longrightarrow K \longrightarrow \mathbb{C}^N \otimes \mathcal{O}_{\Phi_{N,m} \times X}(-m) \xrightarrow{Pu} U \longrightarrow 0 \ .$$

Pour tout $s \in \Phi_{N,m}$, on a la suite exacte :

$$0 \longrightarrow K_s \longrightarrow \mathbb{C}^N \otimes \mathcal{O}_X(-m) \longrightarrow E_s \longrightarrow 0 \ ,$$

d'où la suite exacte :

$$\begin{array}{ccccc} Hom(K_s,E_s) & \xrightarrow{\omega_s} & Ext^1(E_s,E_s) & \longrightarrow & Ext^1(\mathbb{C}^N,E_s(m)) \\ \| & & & & \| \\ T_s\Phi_{N,m} & & & & 0 \end{array}$$

donc *le morphisme de Kodaira-Spencer est surjectif*, et le théorème 4 s'applique à U .

Soit à présent le foncteur défini sur la catégorie des variétés analytiques banachiques par :

$$\underline{\underline{F}}_{N,m}(S) = \{(E,p,\tau)\}/\mathcal{R}$$

où E est un fibré vectoriel analytique sur $S\times X$, p un morphisme surjectif :

$$\mathbb{C}^N \boxtimes \mathcal{O}_{S\times X}(-m) \longrightarrow E$$

vérifiant les conditions 1) et 2) , et τ une trivialisation $\mathcal{C}^\nu$: $S\times E_o \xrightarrow{\tau \atop \sim} E$, $\mathcal{R}$ étant définie par :

$$(E,p,\tau)\,\mathcal{R}\,(E',p',\tau') \Longleftrightarrow \exists\ \varphi \in Isom(E,E')$$
$$\text{tel que } p' = \varphi\circ p$$
$$\text{et } \tau' = \varphi\circ \tau .$$

<u>PROPOSITION 7</u> : *Le foncteur* $\underline{\underline{F}}_{N,m}$ *est représentable par une variété banachique* $F_{N,m}$.

<u>Démonstration de la Proposition 7</u>

Nous construisons $F_{N,m}$ à partir de $\Phi_{N,m}$.

Soit U le fibré universel sur $\Phi_{N,m}\times X$. Alors U est localement trivial au sens $\mathcal{C}^\nu$; c'est à dire qu'il existe un recouvrement de $\Phi_{N,m}$ par des ouverts $\mathcal{U}_i$ (pour la topologie usuelle), et des trivialisations locales $\mathcal{C}^\nu$:

$$\tau_i : \mathcal{U}_i \times E_o \xrightarrow{\sim} U_{|\mathcal{U}_i\times X} .$$

Soit $\mathcal{V}_i = Aut_{\mathcal{C}^\nu} E_o \times \mathcal{U}_i \xrightarrow{p_2} \mathcal{U}_i$.

On recolle les $\mathcal{V}_i$ au moyen des applications de recollement :

$$\tau_i^{-1}\circ\tau_j : \mathcal{U}_i\cap\mathcal{U}_j \longrightarrow Aut_{\mathcal{C}^\nu} E_o$$

par composition à gauche.

On obtient ainsi un fibré principal sur $\Phi_{N,m}$ de fibre $Aut_{\mathcal{C}^\nu} E_o$.

On vérifie de façon élémentaire que cette variété banachique représente le foncteur $\underline{F}_{N,m}$.

On a donc le diagramme suivant :

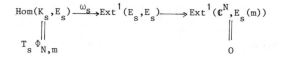

$$\begin{array}{ccc} F_{N,m} & \xrightarrow{p_1} & \Phi_{N,m} \\ {\scriptstyle p_2}\big\downarrow & & \\ F & & \end{array}$$

Comme p_1 est une *fibration localement triviale*, la partition de $F_{N,m}$ par les polygones de Harder-Narasimhan vérifie les propriétés énoncées pour G_P dans le théorème 4 et son corollaire. Ici le drapeau de Harder-Narasimhan dépend *analytiquement* du point de la strate.

Reste à étudier le morphisme p_2 .

PROPOSITION 8 : *l'image de* p_2 *est un ouvert* $\Omega_{N,m}$ *de* F . *De plus* $GL_N(\mathbb{C})$ *agit fidèlement sur* $F_{N,m}$, *et* p_2 :

$$\begin{array}{c} F^{N,m} \\ {\scriptstyle p_2}\big\downarrow \\ \Omega_{N,m} \end{array}$$

est une fibration principale de fibre $GL_N(\mathbb{C})$.

Démonstration

Soit (E,τ) un point de $\Omega_{N,m}$. La fibre de ce point est $\{(E,p,\tau)\}_{/\mathcal{R}}$.

Or on a : $(E,p,\tau)\,\mathcal{R}\,(E,p',\tau)$ si et seulement si il existe $\varphi \in \operatorname{Aut} E$, tel qu'on ait : $\varphi \circ p = p'$

$\varphi \circ \tau = \tau$.

La deuxième condition implique $\varphi = Id_E$, donc la fibre est l'ensemble des morphismes :

$$p : \mathbb{C}^N \twoheadrightarrow E(m)$$

induisant un isomorphisme : $\mathbb{C}^N \xrightarrow{\sim} H^o(E(m))$.

Comme on a : $H^1(E(m)) = 0$, la donnée de p équivaut à celle d'un isomorphisme de $\mathbb{C}^N$ dans $H^o(E(m))$, donc la fibre est bien une orbite sous l'action fidèle de $GL_N(\mathbb{C})$.

Pour conclure, il suffit de montrer que p_2 *admet des sections locales*.

Soit $S_o \in \Omega_{N,m}$ et p_F la projection $F \times X \longrightarrow F$.

On a $H^1(p_F^{-1}(s_o), \mathcal{U}(m)) = 0$ car $s \in \Omega_{N,m}$.

Cela reste vrai dans un voisinage V de S_o , d'après le théorème de semi-continuité. Par Riemann-Roch, on a donc dans ce voisinage :

$$h^o(p_F^{-1}(s), \mathcal{U}(m)) = N .$$

Le théorème de Grauert, version banachique, s'applique, et le faisceau

$$p_{F*}\mathcal{U}(m)$$

est localement libre de rang N dans ce voisinage. Quitte à restreindre encore

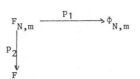

le voisinage, on peut l'y supposer trivial.
Le morphisme d'évaluation s'écrit donc :

$$\mathbb{C}^N_{V\times X} \xrightarrow{ev} \mathcal{U}(m)_{|V\times X} .$$

Il est surjectif sur $s_o \times X$, donc partout, quitte à restreindre V . On a donc un morphisme :

$$p : \mathbb{C}^N \otimes \mathcal{O}_{V\times X}(-m) \twoheadrightarrow \mathcal{U}|_{V\times X}$$

vérifiant les conditions 1) et 2), c'est à dire une section de p_2 sur V .
D'où la proposition.

Fin de la démonstration du théorème 5

Les ouverts $\Omega_{N,m}$ recouvrent F , car pour tout fibré analytique E sur X , il existe un entier m tel qu'on ait :

$$H^1(E(m)) = 0$$

et $E(m)$ engendré par ses sections.

Comme les propriétés à démontrer sont locales, on les considère seulement sur $\Omega_{N,m}$.
L'action de $GL_N(\mathbb{C})$ laisse stables les strates de Shatz de $F_{N,m}$. Le théorème s'en déduit, car p_2 est une fibration localement triviale.

B I B L I O G R A P H I E

[A] M.F.ATIYAH - *Vector Bundles over an Elliptic curve*, Proc. Lond. Math. Soc. (3) VII 27 (1957) 414-452.

[A-B] M.F. ATIYAH et R. BOTT - *The Yang-Mills Equations over Riemann Surfaces*, Phil. Trans. Roy. Soc. London A 308 (1982), 523-615.

[D-LP] J.M.DREZET et J. LE POTIER - *Fibrés stables et fibrés exceptionnels sur* $\mathbb{P}_2$, preprint.

[Gr] A. GROTHENDIECK - *Séminaire Bourbaki*, exposé n° 221.

[HN] G. HARDER et M. NARASIMHAN - *On the Cohomology Groups of Moduli Spaces*, Math. Ann. 212 (1975) 215-248.

[H] R. HARTSHORNE - *Algebraic Geometry*, Springer.

[S] S. SHATZ - *Algebraic Families of Vector Bundles*, Compositio Mathematica 35 (1977) 163-187.

Exposé n°5

CALCUL DE LA COHOMOLOGIE DE N(r,d)

O. DEBARRE

0.- INTRODUCTION.-

Soit M une surface de Riemann complexe compacte connexe de genre g et N(r,d) l'espace des modules pour les fibrés stables de rang r et degré d. On rappelle (cf.[Ses]) que N(r,d) est une variété quasi-projective lisse de dimension $r^2(g-1)+1$ dont la topologie ne dépend que des entiers g, r, d. Si de plus r et d sont premiers entre eux, N(r,d) est un espace de modules fin et est *compact*.

Le but de cet exposé est de montrer que, lorsque r et d sont premiers entre eux, la cohomologie de N(r,d) est sans torsion. De plus, on calcule la série de Poincaré $\sum_{i=0}^{\infty} t^i \dim_{\mathbb{Q}} H^i(N(r,d),\mathbb{Q})$.

Rappelons brièvement la construction de N(r,d).

Soit ν un réel non entier supérieur à 2, E_o un fibré de classe C^ν , rang r, degré d sur M (cf exposé 1). Considérons le foncteur qui, à toute variété de Banach analytique S, associe l'ensemble des classes d'équivalence de fibrés E analytiques de rang r, de degré d sur $S \times M$, munis d'un isomorphisme C^ν $u : E \xrightarrow{\sim} p^*E_o$ (avec $p : S \times M \to M$), analytique en S. La relation d'équivalence est : $(E,u) \sim (F,v) \Longleftrightarrow \exists\, \varphi : E \xrightarrow{\sim} F$ isomorphisme C^ν , analytique en S , avec $v\varphi = u$.
Ce foncteur est représenté (cf. exposé 1) par un espace affine de Banach noté $\mathcal{C}$ ou $\mathcal{C}(E_o)$ en bijection avec l'ensemble des classes d'équivalence de fibrés E algébriques sur M munis d'un isomorphisme C^ν , $u : E \xrightarrow{\sim} E_o$, pour la relation d'équivalence ci-dessus.
On peut décrire $\mathcal{C}$ de la façon suivante :

$$\mathcal{C} = \{d'' : A^{0,0}(E_o) \longrightarrow A^{0,1}(E_o) \mid d''(fs) = d''f \otimes s + fd''s \quad \text{quand} \quad f \in A^{0,0}(M)\}$$

où $A^{0,0}(E_o)$ est l'espace des sections C^ν de E_o ,

$A^{0,1}(E_o)$ est l'espace des formes de classe C^ν , de type (0,1) à valeurs dans E_o .

On voit facilement que $\mathcal{C}$ est un espace affine d'espace tangent $A^{0,1}(M,\underline{\mathrm{End}}\, E_o)$.

On sait (exposé 4) que l'ensemble $\mathcal{C}_{ss}$ (resp. $\mathcal{C}_s$) des $[E,u] \in \mathcal{C}$ semi-stables (resp. stables) est un ouvert de $\mathcal{C}$. Le groupe G (ou $G(E_o)$) des automorphismes C^ν de E_o opère sur $\mathcal{C}$ par $g.[E,u] = [E,gu]$ .L'opération induite de $G/_{\mathbb{C}^*}$ sur $\mathcal{C}_s$ est libre et propre et $N(r,d)$ est le quotient pour cette action.
Indiquons maintenant rapidement le plan de la démonstration.
On rappelle qu'on a sur $\mathcal{C}$ la stratification de Shatz (cf. exposé 4) :

$$\mathcal{C} = \bigcup_{P \in I} \mathcal{C}_P \ .$$

Ici I est l'ensemble des polygones "strictement concaves", joignant (0,0) à (r,d) et la strate $\mathcal{C}_P$ est définie comme l'ensemble des [E,u] éléments de $\mathcal{C}$ tels que la filtration de Harder-Narasimhan (HN par la suite) soit de polygone P.
La strate semi-stable $\mathcal{C}_{ss}$ correspond au polygone $\{(0,0) \ ; \ (r,d)\}$.
La démonstration se fait en trois étapes :

- Calcul de la cohomologie équivariante (voir §1 pour une définition) sous G des strates non semi-stables en fonction de la cohomologie équivariante de strates semi-stables pour des rangs inférieurs.

- On relie à l'aide de suites exactes de Gysin en cohomologie équivariante la cohomologie $H_G(\mathcal{C})$ qui est isomorphe à $H(BG)$, que l'on connaît, aux $H_G(\mathcal{C}_P)$ et $H_G(\mathcal{C}_{ss})$.

Comme on connaît $H(BG)$ (cf. exposé 3), on en déduit un procédé de calcul de $H_G(\mathcal{C}_{ss})$ par récurrence sur le rang de E , en utilisant le premier point.
- Si $\overline{G} = G/_{\mathbb{C}^*}$, $\mathcal{C}_s$ est un $\overline{G}$-espace de quotient $N(r,d)$ donc $H(N(r,d)) \simeq H_{\overline{G}}(\mathcal{C}_s)$.
Si r et d sont premiers entre eux, $\mathcal{C}_s$ est égal à $\mathcal{C}_{ss}$ et il suffit de relier $H_{\overline{G}}(\mathcal{C}_s)$ calculé aux deuxième point, à $H_{\overline{G}}(\mathcal{C}_s)$.

1.- COHOMOLOGIE EQUIVARIANTE

1.1.- Rappels - Définitions

Si G est un groupe topologique, on appellera G-espace , un espace topologique X sur lequel G agit librement et tel que l'application canonique $X \longrightarrow X/G$ soit un G-fibré principal (cf. exposé 1).
On a vu que pour tout groupe topologique G , il existe un G-espace EG contractile.

Si G opère de façon quelconque sur un espace topologique, $EG \times X$ est un G-espace pour l'action diagonale. On note X_G ou $EG \underset{G}{\times} X$ le quotient.

Définition 1.1.1 :

On appelle cohomologie équivariante de X *sous* G *la cohomologie de l'espace* X_G *et on note :*

$$H_G(X) = H(X_G) \quad .$$

Propriétés 1.1.2 :

i) Si X est un G-espace, $X_G \longrightarrow X/G$ est une fibration localement triviale de fibre EG contractile donc la cohomologie équivariante de X sous G est isomorphe à la cohomologie de X/G .
Plus généralement, si G opère sur X et si K est un sous-groupe distingué fermé de G tel que X soit un K-espace, on a la fibration suivante, où $Q = G/K$:

$$EG \longrightarrow (EG \times EQ) \underset{G}{\times} X \longrightarrow EQ \underset{Q}{\times} (X/K) \quad .$$

Ceci prouve que $H_G(X)$ est isomorphe à $H_{G/K}(X/K)$.

ii) L'application canonique $X_G \longrightarrow BG = EG/_G$ est le fibré de fibre X associé au G-fibré principal $EG \longrightarrow BG$. Si X est contractile, $H_G(X)$ est isomorphe à $H(BG)$.

iii) Si G opère sur X et si K est un sous-groupe fermé de G tel que G soit un K-espace, alors EG est aussi un K-espace et on a une fibration :

$$G \backslash K \longrightarrow X_K \longrightarrow X_G \quad .$$

En particulier, si $G\backslash K$ est contractile, $H_G(X)$ est isomorphe à $H_K(X)$.

iv) On a une formule de Künneth en cohomologie équivariante puisque, si G (resp. G') opère sur X (resp. X'), alors $G \times G'$ opère sur $X \times X'$. L'espace $EG \times EG'$ est un $G \times G'$-espace pour l'action produit, contractile, donc :

$$(X \times X')_{G \times G'} \sim (EG \times EG') \underset{G \times G'}{\times} (X \times X') \sim X_G \times X'_{G'} \quad .$$

1.2.- Classe d'Euler équivariante

On se donne :

i) un groupe topologique G opérant sur un espace topologique X .

ii) un G-fibré vectoriel réel orienté de rang r N sur X , c'est-à-dire que G opère sur N de façon compatible à l'action sur X et linéaire sur les fibres avec préservation de l'orientation.

On veut construire un fibré sur l'espace X_G . Si pr_2 est la projection $EG \times X \longrightarrow X$, $pr_2^* N$ est un G-fibré sur $EG \times X$. On utilise alors le lemme suivant pour construire un fibré sur X_G .

LEMME 1.2.1.- *Soit* Y *un* G-*espace,* $E \to Y$ *un* G-*fibré vectoriel réel orienté de rang* r . *Alors* $E/G \to Y/G$ *est un fibré vectoriel réel orienté de rang* r .

∎ Soit [x] un élément de Y/G . Comme $\pi : Y \to Y/G$ est localement triviale, il existe un ouvert U de Y/G contenant [x] tel que $\pi^{-1}(U) \simeq U \times G$.
Le fibré E est localement trivial donc, quitte à rétrécir U , on peut supposer qu'il existe un voisinage V de l'élément neutre e dans G et une trivialisation :

$$\varphi : E_{|U\times V} \xrightarrow{\sim} U \times V \times \mathbb{R}^r \quad .$$

Cette trivialisation induit une trivialisation sur $U \times G$ par action de G :

$$\Phi : E_{|U\times G} \xrightarrow{\sim} U \times G \times \mathbb{R}^r$$

$$n \longmapsto g\varphi g^{-1} n \quad \text{où} \quad g = pr_2(p(n))$$

et $p : E_{|U\times G} \to U \times G$ et $g = pr_2(p(n))$.

On a donc un isomorphisme :

$$(E/_G)_{|U} \longrightarrow U \times \mathbb{R}^r$$

$$[n] \longmapsto pr_{1,3}\, \Phi\, n \quad .$$

Ces isomorphismes induisent sur E/G une structure de fibré vectoriel réel orienté.

On a donc construit un fibré vectoriel réel orienté $N_G = pr_2^* N/G$ sur X_G .

Définition 1.2.2 :

On appelle classe d'Euler équivariante de N *sous* G *la classe d'Euler de* N_G *et on note :*

$$e_G(N) = e(N_G) \in H^r_G(X,\mathbb{Z}) \quad .$$

Exemple 1.2.3 : Un $(\mathbb{C}^*)^\ell$-fibré complexe de rang r au-dessus d'un point est une représentation de dimension r , $\rho : \mathbb{C}^{*\ell} \to \mathrm{Aut}\, V$. .

Comme $\mathbb{C}^{*\ell}$ est abélien, cette représentation se scinde en somme de r représentations de dimension 1, du type :

$$(t_1,\ldots,t_\ell) \longmapsto \text{multiplication par } t_1^{\alpha_1}\ldots t_\ell^{\alpha_\ell} \ ,$$

où les α_i sont des entiers.

PROPOSITION 1.2.4.- *Soit* $u_i \in H^2(B\mathbb{C}^{*\ell},\mathbb{Z})$ la classe d'Euler équivariante du $\mathbb{C}^{*\ell}$-fibré associé à la représentation de $\mathbb{C}^*$:

$$(t_1,\dots,t_\ell) \longmapsto \text{multiplication par } t_i \ .$$

Alors $H(B\mathbb{C}^{*\ell},\mathbb{Z}) \simeq \mathbb{Z}[u_1,\dots,u_\ell]$.

∎ Il est évident qu'il suffit de traiter le cas $\ell = 1$ et d'appliquer ensuite la formule de Künneth 1.1.2.iv). On a vu (cf. exposé 3) que si H est un espace de Hilbert de dimension infinie sur $\mathbb{C}$ et $S(H,1)$ l'espace des formes linéaires continues surjectives sur H , alors $S(H,1)$ est un $\mathbb{C}^*$-espace contractile de quotient le projectif $\mathbb{P}H$ des hyperplans fermés de H .
De plus, si H' est le dual topologique de H , la première classe de Chern u du fibré en droites canonique $H' \longrightarrow \mathbb{P}H$, engendre la cohomologie de $\mathbb{P}H$.
Plus précisément :

$$H(\mathbb{P}H,\mathbb{Z}) \simeq \mathbb{Z}[u] \ .$$

Il suffit alors de remarquer que si V est le $\mathbb{C}^*$-fibré en droite au-dessus d'un point associé à la représentation canonique : $t \longmapsto$ multiplication par t , on a avec les notations précédentes :

$$V_{\mathbb{C}^*} = \{(\varphi,v) \in S(H,1) \times V\} /_{(\varphi,\lambda v) \sim (\lambda\varphi,v)} \ ,$$

qui est isomorphe à l'espace des applications linéaires continues de H dans V par :

$$[(\varphi,v)] \longmapsto (x \longmapsto \varphi(x)v) \ .$$

Le fibré $V_{\mathbb{C}^*} \longrightarrow \mathbb{P}H$ est donc isomorphe au fibré canonique $H' \longrightarrow \mathbb{P}H$. ∎

1.3.- Suite exacte de Gysin en cohomologie équivariante

On fait les hypothèses suivantes :

i) X variété de Banach réelle de classe C^∞ admettant des partitions C^∞ de l'unité.

ii) G groupe topologique opérant sur X par difféomorphismes C^∞ de X . Cette action induit une opération de G sur le double fibré tangent TTX . On demande que :

iii) l'application
$$G \times TTX \longrightarrow TTX \quad \text{soit continue.}$$
$$(g,\xi) \longmapsto g.\xi$$

iv) Y est une sous-variété de Banach de X de codimension finie r , stable par G , à fibré normal orientable N . On a alors :

THEOREME 1.4.- *On a une suite exacte :*

$$\cdots \longrightarrow H_G^{q-r}(Y) \longrightarrow H_G^q(X) \xrightarrow{\text{rest.}} H_G^q(X-Y) \longrightarrow H_G^{q+1-r}(Y) \longrightarrow \cdots$$

$$H_G^{q-r}(Y) \xrightarrow{\ .\cup e_G(N)\ } H_G^q(Y), \qquad H_G^q(X) \xrightarrow{\ \text{rest.}\ } H_G^q(Y)$$

■ On remarque d'abord que par hypothèse (ii), iii), iv)) , les fibrés TX, TY, TTX, TTY, N sont des G-fibrés.

D'autre part, on a des fibrations localement triviales :

$$\begin{array}{ccccc} Y & \longrightarrow & Y_G & \longrightarrow & BG \\ \downarrow & & \downarrow & & \| \\ X & \longrightarrow & X_G & \xrightarrow{p} & BG \end{array}$$

On ne veut pas appliquer la suite exacte de Gysin pour le couple (Y_G, X_G) car ce ne sont pas des variétés. Néanmoins, on sait qu'il suffit d'exhiber un voisinage tubulaire de Y_G dans X_G , c'est à dire un voisinage ouvert V de Y_G dans X_G et un homéomorphisme :

$$(N_G, N_G^\circ) \longrightarrow (V, V - Y_G)$$

où N_G° est l'espace total N_G privé de sa section nulle. La suite exacte de Gysin résulte alors du raisonnement habituel.

Le reste de la démonstration va être consacré à la construction d'un voisinage tubulaire, en suivant la méthode de [Lan] , basée sur les équations différentielles.

On note : π la projection $(TX)_G \longrightarrow X_G$,

$\pi_* : (TTX)_G \longrightarrow (TX)_G$,

s la multiplication par le réel s dans $(TX)_G$ ou dans $(TTX)_G$,

s_* l'application induite $(TTX)_G \longrightarrow (TTX)_G$.

Les trivialisations de p associées aux trivialisations locales de $EG \longrightarrow BG$ induisent sur X_G une structure mixte qui est C^∞ dans les fibres, puisque G opère par difféomorphismes C^∞ . On peut parler de fonctions sur X_G (ou $(TX)_G$, ou $(TTX)_G$) continues, C^∞ dans les fibres.

<u>LEMME 1.5</u>.- *Il existe une section* $\mathcal{S} : (TX)_G \longrightarrow (TTX)_G$ *de* π_* *continue,* C^∞ *dans les fibres de* p *, vérifiant :*

$$\mathcal{S} \circ s = s_* \circ s \circ \mathcal{S} \ .$$

■ Il suffit de construire $\mathcal{S}$ localement sur BG puisque BG admet des partitions continues de l'unité (cf. exposé 3). Au-dessus d'un ouvert V de BG où p est triviale, π_* est homéomorphe à :

$$\pi_* : V \times TTX \longrightarrow V \times TX \ .$$

Il suffit donc de construire $\mathcal{S}$ fibre par fibre, ce qui est fait dans [Lan] Théorème 7, p. 70. ■

On considère $\mathcal{S}$ comme une équation différentielle du second ordre sur X à paramètre dans BG . Une solution de condition initiale $v \in (TX)_G$ sera :

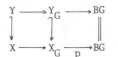

$\beta_v : I_v \longrightarrow (TX)_G$ avec I_v intervalle ouvert contenant 0.

$(p\pi)\beta_v(t) = (p\pi)v \quad , \quad (p\pi : (TX)_G \longrightarrow BG)$

$\frac{\partial \beta_v}{\partial t}(t) = \mathfrak{Z}(\beta_v(t)) \quad , \quad \beta_v(0) = v \quad .$

Il est classique qu'une telle solution existe, puisqu'on reste dans les fibres de p. Le lemme suivant, qu'on ne démontrera pas, traite de la continuité de β_v par rapport à v.

LEMME 1.6.- *Soit* U *un ouvert d'un espace de Banach* E *et* Λ *un espace topologique. On considère une application continue* $f : U \times \Lambda \longrightarrow E$ *telle que* $D_1 f$ *existe et soit continue sur* $U \times \Lambda$. *On désigne par :*

$$I(x,\lambda) \longrightarrow U$$
$$t \longmapsto u(t,x,\lambda)$$

l'unique solution maximale de l'équation différentielle $\frac{\partial u}{\partial t} = f(u,\lambda)$ *qui vaut* x *en* $t=0$. *Alors :*

1) *Pour tout intervalle compact* K *de* $\mathbb{R}$ *contenant* 0,
$U_K = \{(x,\lambda) \in U \times \Lambda \mid K \subset I(x,\lambda)\}$ *est ouvert.*

2) *Sur* $K \times U_K$, u *est continue.*

Si on prend $K = [0,1]$, le lemme montre qu'il existe un ouvert $\mathfrak{D}$ de $(TX)_G$ et une application continue $\beta : \mathfrak{D} \times [0,1] \longrightarrow (TX)_G$ continue, C^∞ dans les fibres de $p\pi$ vérifiant :

$$\begin{cases} \frac{\partial \beta}{\partial t}(v,t) = \mathfrak{Z}(\beta(v,t)) \\ (p\pi)\beta(v,t) = (p\pi)\beta(v,0) \\ \beta(v,0) = v \quad . \end{cases}$$

On définit alors : $\exp : \mathfrak{D} \longrightarrow X_G$

$$v \longmapsto \pi\beta(v,1) \quad .$$

De plus, vue la condition vérifiée par $\mathfrak{Z}$ (lemme 1.5), on voit comme dans [Lan] p. 72, que $\mathfrak{D}$ est un voisinage de la section nulle dans $(TX)_G$.
Une démonstration analogue à celle de [Lan] Proposition 8, p. 51, prouve qu'il existe une application f :

$$0 \longrightarrow (TY)_G \underset{i}{\overset{f}{\rightleftarrows}} (TX)_{G|Y_G}$$

continue, C^∞ dans les fibres de p. Son noyau est un sous-fibré $\overline{N}_G$ de $(TX)_{G|Y_G}$ isomorphe à N_G, C^∞ dans les fibres.

Il reste à remarquer que la démonstration de [Lan] p. 73, prouve que exp induit :

$$\overline{\exp} : \overline{N}_G \cap \mathcal{D} \longrightarrow X_G ,$$

isomorphisme local dans les fibres, qui est en fait un isomorphisme local par continuité de :

$$d_{\text{fibres}} \exp : \mathcal{D} \longrightarrow TX_G .$$

Le raisonnement terminant la démonstration de [Lan] Theorem 9, p. 73, permet de conclure que $\overline{\exp}$ induit un homéomorphisme d'un voisinage $\mathcal{D}'$ de la section nulle de $\overline{N}_G$ sur un voisinage V de Y_G dans X_G.
Le fibré $\overline{N}_G$ est "compressible" au sens de [Lan] p. 75, car il est de rang fini, donc il existe un isomorphisme :

$$\overline{N}_G \xrightarrow{\sim} \mathcal{D}''$$

$\mathcal{D}''$ ouvert de $\mathcal{D}'$ contenant la section nulle.
Ceci termine la démonstration de l'existence d'un voisinage tubulaire. ∎

Définition 1.7. :

Sous les hypothèses précédentes, on dit que Y *est une sous-variété parfaite de* X *si* $e_G(N)$ *n'est pas diviseur de zéro dans* $H_G(Y,\mathbb{Z}/p\,\mathbb{Z})$ *pour tout* p *premier ou nul.*

On utilisera cette notion uniquement dans le cas où $H_G(X,\mathbb{Z})$ est libre de type fini en chaque degré. Elle signifie alors que la suite :

$$0 \longrightarrow H_G^{q-r}(Y,\mathbb{Z}/_{p\,\mathbb{Z}}) \longrightarrow H_G^{q}(X,\mathbb{Z}/_{p\,\mathbb{Z}}) \longrightarrow H_G^{q}(X-Y,\mathbb{Z}/_{p\,\mathbb{Z}}) \longrightarrow 0$$

est exacte pour tout p premier ou nul.
On utilise alors :

LEMME 1.8.- *Soient* A *et* B *deux* $\mathbb{Z}$*-modules*
$\alpha : A \to B$ *une injection.*
On suppose que B *est libre de type fini et que, pour tout* p *premier* $\alpha_p : A \otimes \mathbb{Z}/_{p\mathbb{Z}} \longrightarrow B \otimes \mathbb{Z}/_{p\,\mathbb{Z}}$ *est injective. Alors* B/A *est libre.*

∎ Il suffit de montrer que la p-torsion de B/A est nulle pour tout p premier.
Si $b \in B$, $pb = a \in A$ alors

$$\alpha_p(a \otimes 1) = \alpha_p(pb \otimes 1) = \alpha_p(b \otimes p) = 0 ,$$

donc a est nul. ∎

Dans notre cas, on en déduira donc que $H_G(X-Y)$ est libre de type fini en chaque degré.

2.- COHOMOLOGIE EQUIVARIANTE DES STRATES NON SEMI-STABLES

On fixe un élément P de I et on va calculer la cohomologie équivariante de la strate $\mathcal{C}_P$.

Soient $P = \{(0,0) ; (r_1,d_1) ; (r_1+r_2, d_1+d_2);\dots;(r_1+\dots+r_\ell, d_1+\dots+d_\ell)\}$ $\ell \geq 2$

$E_o = D_o^1 \oplus \dots \oplus D_o^\ell$ une décomposition de classe C^ν adaptée à P , c'est-à-dire $\deg D_o^i = d_i$, $\operatorname{rg} D_o^i = r_i$.

$E_o^i = D_o^1 \oplus \dots \oplus D_o^i$ la filtration associée

G^f (resp. G^d) le groupe des éléments de $G = \mathrm{Aut}(E_o)$ préservant la filtration par les E_o^i (resp. la décomposition D_o^i)

$\mathcal{C}_P^f$ (resp. $\mathcal{C}_P^d$) l'ensemble des éléments $[E,u]$ de $\mathcal{C}_P$ tels que les $u^{-1}(E_o^i)$ (resp. $u^{-1}(D_o^i)$) soient des sous-fibrés holomorphes de E.

Il est immédiat que si $[E,u]$ est élément de $\mathcal{C}_P^f$, la filtration de HN de E est la filtration par les $u^{-1}(E_o^i)$ puisqu'elle est de polygone P donc que si de plus $[E,u]$ est dans $\mathcal{C}_P^d$, les $u^{-1}(D_o^i)$ sont des sous-fibrés semi-stables de E. On a donc :

(1)
$$\mathcal{C}_P^d \simeq \prod_{i=1}^{\ell} \mathcal{C}_{ss}(D_o^i)$$
$$G^d \simeq \prod_{i=1}^{\ell} G(D_o^i) \quad .$$

Le groupe G^f (resp. G^d) agit sur $\mathcal{C}_P^f$ (resp. $\mathcal{C}_P^d$ et l'action est l'action produit relativement à la décomposition ci-dessus).

Le théorème suivant exprime la cohomologie équivariante rationnelle de la strate $\mathcal{C}_P$ en fonction de la cohomologie équivariante des strates semi-stables pour les fibrés D_o^i , qui sont de rang inférieur .

THEOREME 2.1.- *On a*
$$H_G(\mathcal{C}_P, \mathbb{Q}) \simeq \bigotimes_{i=1}^{\ell} H_{G(D_o^i)}(\mathcal{C}_{ss}(D_o^i), \mathbb{Q}) \quad .$$

On utilisera deux lemmes.

LEMME 2.2.-
$$H_G(\mathcal{C}_P, \mathbb{Z}) \simeq H_{G^f}(\mathcal{C}_P^f, \mathbb{Z}) \quad .$$

■ Soit $\mathcal{F}_P$ l'ensemble des filtrations de classe C^ν de E de polygone P .
Le groupe G des automorphismes C^ν de E opère transitivement sur $\mathcal{F}_P$.
Montrons que :

$$\begin{aligned} G &\longrightarrow \mathcal{F}_P \\ g &\longmapsto (g\,E_o^i) \end{aligned}$$

est un G^f fibré principal.

On suppose $\ell = 2$ pour simplicité d'écriture et $\mathcal{F}_P$ est alors l'ensemble des sous-fibrés D de E_o de degré d_1 et de rang r_1 .

L'ensemble $\{D \in \mathcal{F}_P \mid \forall x \in M \quad D_x \cap (D_o^2)_x = \{0\}\}$ est un voisinage $\mathcal{U}$ dans $\mathcal{F}_P$ de D_o^1 .
Pour $D \in \mathcal{U}$ il existe un unique homomorphisme u de D_o^1 dans D_o^2 , de classe C^ν tel que $D = \{(y,u(y)) \quad y \in D_o^1\}$. L'application

$$\begin{aligned} \sigma : \mathcal{U} &\longrightarrow G \\ D &\longrightarrow \begin{pmatrix} 1 & 0 \\ u & 1 \end{pmatrix} \end{aligned}$$

est une section locale de $G \longrightarrow \mathcal{F}_P$.

On veut maintenant montrer que l'application continue :

$$\begin{aligned} G \times_{G^f} \mathcal{C}_P^f &\longrightarrow \mathcal{C}_P \\ [g,[E,u]] &\longrightarrow g.[E,u] = [E,gu] \end{aligned}$$

est un homéomorphisme.

Elle est injective :

$g[E,u] = g'[E',u'] \iff$ Il existe φ holomorphe $\begin{array}{ccc} E & \xrightarrow[\sim]{u} & E_o \\ \varphi\downarrow\wr & \nearrow_{\sim\, g^{-1}g'u'} & \\ E' & & \end{array}$.

Alors les filtrations $\varphi u^{-1}(E_o^i)$ et $u'^{-1}(E_o^i)$ sont de polygones P donc ce sont toutes deux la filtration de HN de E' . On a donc :

$$u'^{-1}(E_o^i) = \varphi u^{-1}(E_o^i) = u'^{-1} g'^{-1} g(E_o^i)$$

soit $g'^{-1} g(E_o^i) = E_o^i$, et $g'^{-1} g \in G^f$.

Elle admet un inverse local.

On sait (cf. exposé 4) que l'application :

$$\begin{aligned} \Phi : \mathcal{C}_P &\longrightarrow \mathcal{F}_P \\ [E,u] &\longmapsto \text{Image par } u \text{ de la filtration de HN de } E \end{aligned}$$

est continue. On prend comme inverse local :

$$[E,u] \longrightarrow [g, g^{-1}.[E,u]] \quad \text{avec} \quad g = \sigma\Phi([E,u]).$$

On a alors :

$$(\mathcal{C}_P)_G = EG \times_G \mathcal{C}_P \simeq EG \times_G (G \times_{G^f} \mathcal{C}_P^f) \simeq EG \times_{G^f} \mathcal{C}_P^f .$$ ■

LEMME 2.3.-

$$H_{G^f}(\mathcal{C}_P^f, \mathbb{Z}) \simeq H_{G^d}(\mathcal{C}_P^d, \mathbb{Z}) \quad .$$

∎ On peut écrire, pour tout élément g de G , la décomposition (g_{ij}) de g relativement à la décomposition C^ν (D_o^i) de E . On a :

$$g \in G^f \Longleftrightarrow g_{ij} = 0 \quad \text{si} \quad i > j \ .$$

$$g \in G^d \Longleftrightarrow g_{ij} = 0 \quad \text{si} \quad i \neq j \quad .$$

Il s'ensuit que $G^f \backslash G^d$ est un espace vectoriel donc est contractile, et par (1.1 Propriété iii)) :

(2) $$H_{G^d}(\mathcal{C}_P^d, \mathbb{Z}) \simeq H_{G^f}(\mathcal{C}_P^d, \mathbb{Z})$$

Pour conclure, il est plus simple de rappeler que $\mathcal{C}$ peut être considéré comme espace affine d'espace tangent les formes de classe $C^{\nu-1}$, de type (0,1) à valeurs dans End E_o . Cet espace vectoriel se décompose relativement à la décomposition (D_o^i) et si d'' est un point base de $\mathcal{C}_P^d$ on a :

$$d'' + (u_{ij}) \in \mathcal{C}_P^f \Longleftrightarrow u_{ij} = 0 \quad \text{si} \quad i > j \ .$$

$$d'' + (u_{ij}) \in \mathcal{C}_P^d \Longleftrightarrow u_{ij} = 0 \quad \text{si} \quad i \neq j \quad .$$

L'application : $\mathcal{C}_P^f \times [0,1] \longrightarrow \mathcal{C}_P^f$

$$(d'' + u, t) \longmapsto d'' + t \begin{pmatrix} u_{11} & & 0 \\ & \ddots & \\ 0 & & u_{\ell\ell} \end{pmatrix} + (1-t)u$$

est un G^d-morphisme donc induit une équivalence d'homotopie :

$$EG \times_{G^d} \mathcal{C}_P^f \longrightarrow EG \times_{G^d} \mathcal{C}_P^d \quad .$$

L'isomorphisme induit en cohomologie joint à (2) permet de conclure. ∎

Le théorème résulte de la formule de Künneth en cohomologie équivariante rationnelle (1.1.2 iv)).

3.- COHOMOLOGIE EQUIVARIANTE DE LA STRATE SEMI-STABLE

On rappelle que les strates de Shatz sont indexées par l'ensemble ordonné I des polygones "strictement concaves" joignant (0,0) à (r,d) (cf. exposé 4). On note :

Définitions 3.1 :

- Si $P \in I$ $\quad I_P = \{Q \in I \mid Q \leq P\}$
- Si $J \subseteq I$ $\quad \mathcal{C}_J = \bigcup_{P \in J} \mathcal{C}_P \quad , \quad \mathcal{C}_{[P]} = \mathcal{C}_{I_P}$
- J partie de I est ouverte si :

  $\forall P \in J \quad \forall Q \in I \quad Q \leq P \Longrightarrow Q \in J$
- J partie de I est fermée si :

  $\forall P \in J \quad \forall Q \in I \quad Q \geq P \Longrightarrow Q \in J$

Le résultat principal de Shatz est (cf exposé 4) :

THEOREME 3.2.- *Si J partie de I est ouverte (resp. fermée), $\mathcal{C}_J$ est ouvert (resp. fermé).*

Si J est ouvert et si P est un élément maximal de J, $\mathcal{C}_P$ est une sous-variété lisse fermée de $\mathcal{C}_J$ de codimension $d_P = \sum_{i>j} r_i r_j \left[\left(\frac{d_j}{r_j} - \frac{d_i}{r_i}\right) + g - 1\right]$ *dont le fibré normal N_P a pour fibre en $[E,u] \in \mathcal{C}_P$ l'espace* $H^1(M, \underline{\mathrm{Hom}}_{F,+}(E,E))$.

1) On sait que $\overline{\mathcal{C}}_P \subset \bigcup_{Q \geq P} \mathcal{C}_Q$. Si J est fermé, comme la partition est localement finie, on a : $\overline{\mathcal{C}}_J \subseteq \bigcup_{P \in J} \overline{\mathcal{C}}_P \subseteq \bigcup_{\substack{P \in J \\ Q \geq P}} \mathcal{C}_Q = \mathcal{C}_J$ car J est fermé.

Donc $\mathcal{C}_J$ est fermé. Si J est ouvert, I-J est fermé.

2) Si P est maximal dans J ouvert, J-{P} est ouvert, donc $\mathcal{C}_J - \mathcal{C}_P$ est ouvert. ∎

On a donc une suite exacte de Gysin en cohomologie équivariante :

$$\cdots \longrightarrow H_G^{q-2d_P}(\mathcal{C}_P) \longrightarrow H_G^q(\mathcal{C}_J) \xrightarrow{\text{rest}} H_G^q(\mathcal{C}_{J-\{P\}}) \longrightarrow \cdots$$

$$H_G^{q-2d_P}(\mathcal{C}_P) \xrightarrow{\smile e_G(N_P)} H_G^q(\mathcal{C}_P), \qquad H_G^q(\mathcal{C}_J) \longrightarrow H_G^q(\mathcal{C}_P)$$

THEOREME 3.3.- *La sous-variété $\mathcal{C}_P$ de $\mathcal{C}_J$ est parfaite au sens de la définition* 1.7.

∎ Fixons un point m de M. On a alors le :

LEMME 3.4.- *Soit G_o^d le sous-groupe fermé des éléments de G^d qui sont l'identité sur $(E_o)_m$. Alors $\mathcal{C}_P^d$ est un G_o^d espace.*

∎ Il est suffisant, d'après (1), de montrer que $\mathcal{C}_{ss}(E)$ est un G_o espace, où G_o est l'ensemble des éléments de G qui sont l'identité en m. Remarquons que le stabilisateur d'un point [E,u] de $\mathcal{C}_{ss}$ est isomorphe au groupe des automorphismes holomorphes du fibré semi-stable E qui sont l'identité en m. Si g est un tel automorphisme, g - id est de rang 0 en m. Comme les endomorphismes d'un fibré semi-stable sont de rang constant (cf [Ses] p.18, Prop. 8), g est l'identité.

Donc G_o opère librement sur $\mathcal{C}_{ss}$.

Il suffit de montrer (cf [Bou] 6.2.3, p. 63) que :

a) G_o opère proprement, c'est-à-dire que :

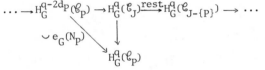

$$\varphi : \mathcal{C}_{ss} \times G_o \longrightarrow \mathcal{C}_{ss} \times \mathcal{C}_{ss}$$

$$(\alpha, g) \longmapsto (\alpha, g.\alpha)$$

est propre.

b) Pour tout α dans $\mathcal{C}_{ss}$, $\varphi_\alpha : g \longmapsto g.\alpha$ est une immersion de G dans $\mathcal{C}_{ss}$.

La condition b) est facile :

$T_oG \simeq$ {endomorphismes de classe $\mathcal{C}^\nu$ de E_o nuls en m}

$T_\alpha\mathcal{C}_{ss} \simeq$ {formes de type (0,1) de classe $\mathcal{C}^\nu$ à valeurs dans $\underline{\text{End}}\ E_o$} , et $T_o\varphi_\alpha$ est l'opérateur d'' associé à $\alpha \in \mathcal{C}_{ss}$. Il s'ensuit que :

$\text{Ker}\, T_o\varphi_\alpha = \{g \in \text{End}(E_o, d'') \quad g(m) = 0\} = 0$, puisque (E_o, d'') est semi-stable (ses endomorphismes sont de rang constant). Pour montrer la condition a), on introduit la notion de famille de fibrés marqués. Si S est une variété de Banach analytique, une famille de fibrés marqués sur M paramétrée par S est un fibré analytique E sur $S \times M$, et une trivialisation $E_{|S \times \{m\}} \xrightarrow{\sim} S \times \mathbb{C}^r$. Dans le lemme qui suit, isomorphisme signifiera isomorphisme de fibrés marqués i.e respectant les trivialisations.

<u>LEMME 3.4.1</u>.- *Soient* S *une variété analytique de Banach, lisse ;* E,F *deux familles de fibrés marqués semi-stables de même pente paramétrées par* S . *Alors* $\{s \in S \mid E_S \xrightarrow{\sim} F_S\}$ *est un fermé analytique* S' *de* S *et on a un isomorphisme* $E_{|S' \times X} \xrightarrow{\sim} F_{|S' \times X}$.

∎ Pour tout s dans S , la restriction à la fibre en m induit, grâce au "marquage" de E et F , un morphisme :

$$\varphi_s : \text{Hom}(E_s, F_s) \longrightarrow \text{Hom}(\mathbb{C}^r, \mathbb{C}^r) = M(r, \mathbb{C}) \quad .$$

Comme E_s et F_s sont semi-stables de même pente, on a :

$$E_s \xrightarrow{\sim} F_s \Longleftrightarrow \text{id} \in \text{Im}\, \varphi_s \quad .$$

On peut traduire cela en utilisant la suite exacte :

$$0 \longrightarrow \text{Hom}(E_s, F_s) \longrightarrow M(r, \mathbb{C}) \xrightarrow{\delta} \text{Ext}^1(E_s, F_s(-m)) \quad ,$$

par : $E_s \xrightarrow{\sim} F_s \Longleftrightarrow \delta(\text{id}) = 0$.

Soit p la projection $S \times M \longrightarrow S$. On a la suite exacte des images directes :

$$0 \longrightarrow p_* \underline{\text{Hom}}(E, F) \longrightarrow \mathcal{O}_S(M(r, \mathbb{C})) \longrightarrow R^1 p_* \underline{\text{Hom}}(E, F(-m)) \quad ,$$

qui donne sur S :

$$0 \longrightarrow \text{Hom}(E, F) \longrightarrow \text{Hom}(S, M(r, \mathbb{C})) \xrightarrow{\delta} \Gamma(S, R^1 p_* \underline{\text{Hom}}\,(E, F(-m))) .$$

L'ensemble $S' = \{s \in S \mid E_s \xrightarrow{\sim} F_s\}$ est l'ensemble des zéros de la section $\sigma = \delta(\text{id})$ du faisceau $\mathcal{F} = R^1 p_* \underline{\text{Hom}}\,(E, F(-m))$. La fibre de $\mathcal{F}$ en s est $H^1(S, \underline{\text{Hom}}(E_s, F_s(-m)))$. Comme $\text{Hom}(E_s, F_s(-m)) = 0$ (morphismes de fibrés semi-stables de même pente nuls en m), $\dim \mathcal{F}_s = \chi(\underline{\mathrm{Hom}}(E_s,F_s(-m)))$ est constant donc, par le théorème de Grauert, $\mathcal{F}$ est un faisceau localement libre. On en déduit que S' est un fermé analytique. La suite exacte des espaces de sections sur S' est :

$$0 \longrightarrow \mathrm{Hom}(E,F)_{|S'\times M} \longrightarrow \mathrm{Hom}(S',M(r,\mathbb{C})) \xrightarrow{\delta'} \Gamma(S',\mathcal{F}) \quad .$$

Comme $\sigma_{|S'} = \delta'(\mathrm{id}_{S'})$ est nulle dans $\Gamma(S',\mathcal{F})$, $\mathrm{id}_{S'}$ admet une image réciproque $g \in \mathrm{Hom}(E,F)_{|S'\times M}$, qui est alors un morphisme de fibrés marqués. En particulier, c'est un isomorphisme sur $S'\times\{m\}$ donc, comme E_s , F_s sont semi-stables de même pente, c'est un isomorphisme. ∎

Rappelons (cf. introduction) qu'il existe un fibré analytique $\mathbb{U}$ universel sur $\mathcal{C}\times M$.

L'isomorphisme u associé restreint à $\mathcal{C}\times\{m\}$ est un "marquage" de $\mathbb{U}$ au sens précédent.

On pose : $S = \mathcal{C}_{ss}\times\mathcal{C}_{ss}$,

$$U_1 = pr^*_{1,3}\mathbb{U} \quad , \quad U_2 = pr^*_{2,3}\mathbb{U} \quad , \text{ fibrés marqués sur } S\times M \quad .$$

On remarque que $\{s\in S \mid U_{1,s} \xrightarrow{\sim} U_{2,s} \text{ (marqué)}\}$ est exactement l'image de l'application graphe φ , qui est donc fermée par le lemme précédent, qui fournit aussi un isomorphisme marqué :

$$\begin{array}{ccc} U_1|_{\mathrm{Im}\varphi\times M} & \xrightarrow{\sim} & U_2|_{\mathrm{Im}\varphi\times M} \\ \text{Classe } C^\nu \Big\uparrow\wr & & \wr\Big\uparrow \text{classe } C^\nu \\ \mathrm{Im}\varphi\times E_o & & \mathrm{Im}\varphi\times E_o \end{array}$$

c'est-à-dire une famille d'éléments de G_o indexée par $\mathrm{Im}\varphi$, qui donne une section de φ . Donc φ est propre. ∎

Notons :

d'' un élément fixé de $\mathcal{C}^d_P$

$Q = G^d/G^d_o \simeq G\ell(r_1,\mathbb{C})\times\ldots\times G\ell(r_\ell,\mathbb{C})$

$\mathbb{C}^{*\ell} = \{g\in G^d \quad , \quad g_{|D^i_o}$ est une homothétie pour tout $i\}$.

Le lemme 3.4 permet de considérer les morphismes équivariants suivants :

$$\begin{array}{ccccc} (\mathbb{C}^{*\ell},\{d''\}) & \xrightarrow{i} & (G^d,\mathcal{C}^d_P) & \xrightarrow{\beta} & (Q,\mathcal{C}^d_P/G^d_o) \\ & & \Big\downarrow\alpha & & \\ & & (G,\mathcal{C}_P) & & \end{array} \quad .$$

La démonstration du théorème 2.1 montre que α induit un isomorphisme en cohomologie. Il en est de même de β par 1.1.2 i).

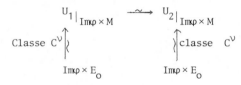

Pour démontrer que $e_G(N_P) \in H_G(\mathcal{C}_P)$ n'est pas diviseur de zéro, il suffit donc de le montrer pour $y = (\beta^*)^{-1} \alpha^* e_G(N_P)$.
Le théorème découle donc des deux lemmes suivants où l'on a posé $\delta = \beta i$.

LEMME 3.5.- *La classe* $\delta^* y$ *est non nulle dans* $H(B\mathbb{C}^{*\ell}, \mathbb{Z}/_{p\mathbb{Z}})$ *pour tout entier* p *premier ou nul.*

LEMME 3.6.- *Soit* X *un espace topologique sur lequel* Q *opère, avec* $\mathbb{C}^{*\ell}$ *opérant trivialement,* x *un point de* X *et* δ *le morphisme équivariant :*

$$\delta : (\mathbb{C}^*, \{x\}) \longrightarrow (Q, X) .$$

Alors, si p *est premier ou nul et si* $y \in H_Q(X, \mathbb{Z}/_{p\mathbb{Z}})$ *est tel que* $\delta^* y$ *soit non nul,* y *n'est pas diviseur de zéro dans* $H_Q(X, \mathbb{Z}/_{p\mathbb{Z}})$.

Démonstration de 3.5 : par fonctorialité de la classe d'Euler, on a :

$$\delta^* y = (\alpha i)^* e_G(N_P) = e_{\mathbb{C}^{*\ell}}((\alpha i)^* N_P) = e_{\mathbb{C}^{*\ell}}((N_P)_{d''})$$

où $(N_P)_{d''}$ est la fibre de N_P au-dessus de $\{d''\}$, considérée comme $\mathbb{C}^{*\ell}$-fibré au-dessus de $\{d''\}$. On rappelle (3.2) que, puisque $d'' = [E,u]$ est dans $\mathcal{C}_P^d$:

$$\begin{aligned}(N_P)_{d''} &\simeq H^1(M, \underline{\mathrm{Hom}}_{F,+}(E,E)) \\ &\simeq H^1(M, \bigoplus_{i<j} \underline{\mathrm{Hom}}(u^{-1}(D_o^i), u^{-1}(D_o^j))) \\ &\simeq \bigoplus_{i<j} H^1(M, \underline{\mathrm{Hom}}(u^{-1}(D_o^i), u^{-1}(D_o^j)))\end{aligned}$$

Or $(t_1, \dots, t_\ell) \in \mathbb{C}^{*\ell}$ agit sur $\underline{\mathrm{Hom}}(u^{-1}(D_o^i), u^{-1}(D_o^j))$ par multiplication par $t_i^{-1} t_j$ donc sur le H^1 par le même caractère. On en déduit, avec les notations de 1.2.4 :

$$(\alpha i)^* e_G(N_P) = \prod_{i<j} (u_j - u_i)^{\lambda_{ij}}$$

avec $\lambda_{ij} = h^1(M, \underline{\mathrm{Hom}}(u^{-1}(D_o^i), u^{-1}(D_o^j)))$

$$= r_i r_j \left(\frac{d_i}{r_i} - \frac{d_j}{r_j} + g - 1\right) > 0$$

qui est non nul dans $\mathbb{Z}/_{p\mathbb{Z}}[u_1, \dots, u_\ell]$ pour p premier ou nul. ∎

Démonstration de 3.6. : On utilise le résultat classique suivant (cf [Bor] , Prop. 20.1, p. 66 et théorème 20.3, p. 67).

THEOREME 3.7.- *Soit* T *un tore maximal d'un groupe de Lie compact connexe* K . *Alors* $H(K/T, \mathbb{Z})$ *est sans torsion de type fini en chaque degré. Si* $H(K, \mathbb{Z})$ *est sans torsion, la suite spectrale de la fibration localement triviale* $K/T \longrightarrow BT \longrightarrow BK$ *dégénère en* E_2 *et on a (additivement) :*

$$H(BT) \simeq H(BK) \otimes H(K/T) ,$$

minimal dans $I - J'$ et $J' \cup \{P_1\}$ est ouvert et P_1 y est maximal. ∎

Soit q un entier fixé. Comme on a $d_P \geq \frac{d_1}{r_1} - \frac{d}{r}$, l'ensemble $\{P \in I \mid 2d_P \leq q\}$ est fini, donc contenu dans un I_{P_o} pour $P_o \in I$ convenable. Remarquons que $\mathcal{C} = \bigcup_{P>P_o} \mathcal{C}_{[P]}$ donc, comme $\mathcal{C}_{[P]}$ est ouvert :

$$(4) \qquad H_G^q(\mathcal{C}) = \varprojlim_{P>P_o} H_G^q(\mathcal{C}_{[P]}) \quad .$$

Mais, si $P \geq P' > P_o$, par 3.8, il existe des ouverts

$$I_P = J_n \supset J_{n-1} \supset \ldots \supset J_o = I_{P'} \quad .$$

Comme $\{P_i\} = J_i - J_{i-1}$ est maximal dans J_i , on peut appliquer (3), qui, avec $2d_{P_i} > q$, montre que :

$$H_G^q(\mathcal{C}_{[P]}) \xrightarrow[\text{rest.}]{\sim} H_G^q(\mathcal{C}_{[P']}) ,$$

et avec (4) :

$$\forall P > P_o \qquad H_G^q(\mathcal{C}) \xrightarrow[\text{rest.}]{\sim} H_G^q(\mathcal{C}_{[P]}) \quad .$$

En particulier, comme $\mathcal{C}$ est contractile, par 1.1.2. ii), $H_G^q(\mathcal{C}_{[P]})$ est isomorphe à $H^q(BG)$, si $P > P_o$, donc est libre de type fini (cf. exposé 3).
Soit P_{ss} l'élément minimal de I , correspondant à la strate semi-stable, et $P > P_o$ le lemme 3.8 donne :

$$I_P = J_n \supset J_{n-1} \supset \ldots \supset J_o = I_{P_{ss}} = \{P_{ss}\} ,$$

ce qui, par récurrence et en utilisant 1.7, 1.8, montre que

$H_G^q(\mathcal{C}_{ss}, \mathbb{Z})$ est libre de type fini.

De plus, si on note $P_G^t(X) = \sum_{j=0}^{+\infty} t^j \dim H_G^j(X, \mathbb{Q})$ la série de Poincaré équivariante, on a :

$$P_G^t(\mathcal{C}) = P_G^t(\mathcal{C}_{[P]}) = \sum_{i=1}^{n} t^{2d_{P_i}} P_G^t(\mathcal{C}_{P_i}) + P_G^t(\mathcal{C}_{ss})$$

en degré q .
Mais $I_P = \{P_n, \ldots, P_1, P_{ss}\}$

et $2d_Q > q$ si $Q \notin I_P$.
On en conclut qu'on a en degré q :

$$P_G^t(\mathcal{C}) = \sum_{P \in I} t^{2d_P} P_G^t(\mathcal{C}_P) \qquad \text{où } d_{P_{ss}} = 0 \quad .$$

On a montré, puisque les deux membres ne dépendent plus de q :

THEOREME 3.9.- *La cohomologie équivariante de la strate semi-stable est libre de type fini en chaque degré et la série de Poincaré associée vérifie*

$$P^t(BG) = \sum_{P \in I} t^{2d_P} P_G^t(\mathcal{C}_P) \quad .$$

pour tous coefficients $\mathbb{Z}/_{p\mathbb{Z}}$.

Ce théorème s'applique (cf. [Bor] , Prop. 2.1.1, p. 71) à :

$$K = U(r_1)\times\ldots\times U(r_\ell), \quad T = T^r$$

donc aussi à Q et $\mathbb{C}^{*r}$, dont ils sont compacts maximaux .

On a un diagramme de fibrations localement triviales :

$$\begin{array}{ccccc} Q/_{\mathbb{C}^{*r}} & \xrightarrow{i_X} & X_{\mathbb{C}^{*r}} = EQ \underset{\mathbb{C}^{*r}}{\times} X & \xrightarrow{p_X} & X_Q = EQ \underset{Q}{\times} X \\ \| & & \downarrow pr_1 & & \downarrow pr_1 \\ Q/_{\mathbb{C}^{*r}} & \xrightarrow{i} & B\mathbb{C}^{*r} = EQ/_{\mathbb{C}^{*r}} & \xrightarrow{p} & BQ = EQ/_Q \end{array}$$

Par (3.7), i^* est surjective donc i_X^* est surjective, ce qui entraîne (cf. 4.2), p_X^* injective. Il suffit de montrer que p_X^*y n'est pas diviseur de zéro dans $H_{\mathbb{C}^{*r}}(X,\mathbb{Z}/_{p\mathbb{Z}})$. Mais :

$$X_{\mathbb{C}^{*r}} = EQ \underset{\mathbb{C}^{*\ell}\times\mathbb{C}^{*(r-\ell)}}{\times} X \sim (EQ\times EQ) \underset{\mathbb{C}^{*\ell}\times\mathbb{C}^{*(r-\ell)}}{\times} X$$

$$\sim B\mathbb{C}^{*\ell}\times X_{\mathbb{C}^{*(r-\ell)}}$$

puisque $\mathbb{C}^{*\ell}$ opère trivialement sur X. La formule de Künneth donne alors :

$$H_{\mathbb{C}^{*r}}(X,\mathbb{Z}/_{p\mathbb{Z}}) \simeq H(B\mathbb{C}^{*},\mathbb{Z}/_{p\mathbb{Z}}) \otimes H_{\mathbb{C}^{*(r-\ell)}}(X,\mathbb{Z}/_{p\mathbb{Z}})$$

et, si $\mu : EQ/_{\mathbb{C}^{*\ell}} \longrightarrow EQ \underset{\mathbb{C}^{*r}}{\times} X$,

$$[e] \longmapsto [e,x]$$

$p_X^*y = \alpha\otimes 1$ + termes de degré >0 dans $H_{\mathbb{C}^{*(r-\ell)}}(X)$, alors $\alpha = \mu^*p^*_Xy = \delta^*y \neq 0$.

On gradue par le degré dans $H_{\mathbb{C}^{*(r-\ell)}}(X)$. Tout $z\in H_{\mathbb{C}^{*r}}(X)$ non nul s'écrit $z = \sum_{i\geq i_o} z_i$ avec z_i de degré i et z_{i_o} non nul. Le terme de degré i_o de $p_X^*y.z$ est αz_{i_o} qui est non nul puisque $H(B\mathbb{C}^{*\ell})$ est intègre.

Donc p_X^*y n'est pas diviseur de zéro. ∎

On a donc montré l'existence d'une suite exacte :

(3) $$0 \longrightarrow H_G^{q-2d_P}(\mathcal{C}_P) \longrightarrow H_G^q(\mathcal{C}_J) \longrightarrow H_G^q(\mathcal{C}_{J-\{P\}}) \longrightarrow 0 \quad ,$$

en tous coefficients $\mathbb{Z}/_{p\mathbb{Z}}$ ou $\mathbb{Z}$, dès que P est maximal dans J ouvert. Montrons d'abord :

<u>LEMME 3.8</u>.- *Pour tous* $J\supseteq J'$ *ouverts finis de* I *, il existe des ouverts* $J = J_n\supset J_{n-1}\supset\ldots\supset J_o = J'$ *avec* $J_i - J'_{i-1} = \{P_i\}$ *et* P_i *maximal dans* J_i .

∎ Récurrence sur $Card(J-J')$. Soit P_1 minimal dans $J-J'$. Alors P_1 est

Ce théorème fournit, avec 2.1, un moyen au moins théorique de calculer les nombres de Betti de $\mathcal{C}_{ss}(E)_G$, par récurrence sur le rang de E.

Le volume des calculs est cependant très important et ceux-ci sont déjà longs pour le rang 3.

3.10.- Cas du rang 1

On a $\mathcal{C} = \mathcal{C}_s = \mathcal{C}_{ss}$

$$P_G^t(\mathcal{C}_{ss}) = P^t(BG) = \frac{(1+t)^{2g}}{1-t^2} .$$

3.11.- Cas du rang 2

$I = \{\lambda \in \mathbb{Z} \mid 2\lambda > d\}$.

On sait aussi

$$P^t(BG) = \frac{(1+t)^{2g}\ (1+t^3)^{2g}}{(1-t^2)^2\ (1-t^4)}$$

$$P_G^t(\mathcal{C}_\lambda) = \frac{(1+t)^{4g}}{(1-t^2)^2} \quad \text{par } 3.10.$$

Donc

$$P_G^t(\mathcal{C}_{ss}) = \frac{(1+t)^{2g}(1+t^3)^{2g}}{(1-t^2)^2(1-t^4)} - \sum_{2\lambda > d} t^{2(2\lambda-d+g-1)} \frac{(1+t)^{4g}}{(1-t^2)^2}$$

$$= \qquad \text{id.} \qquad - \frac{(1+t)^{4g}}{(1-t^2)^2}\ t^{2g}\ \frac{t^{2\varepsilon}}{1-t^4}$$

où $\varepsilon = 0$ si d est impair

$\varepsilon = 1$ si d est pair.

D'où

$$P_G^t(\mathcal{C}_{ss}) = \frac{(1+t)^{2g}\ [(1+t^3)^{2g} - t^{2g+2\varepsilon}(1+t)^{2g}]}{(1-t^2)^2\ (1-t^4)} .$$

3.12.- Cas du rang 3

On a trois sortes d'éléments de I .

i) Pour $P = \{(0,0);(1,\lambda);(3,d)\}$ $\qquad d_P = 3\lambda - d + 2(g-1)$, $3\lambda > d$.

ii) Pour $P = \{(0,0);(2,\lambda);(3,d)\}$ $\qquad d_P = 3\lambda - 2d + 2(g-1)$, $3\lambda > 2d$.

iii) Pour $P = \{(0,0);(1,\lambda);(2,\lambda+\mu);(3,d)\}$

$$d_P = 4\lambda + 2\mu - 2d + 3(g-1) \quad , \quad \lambda > \mu,\ \mu > d - \lambda - \mu .$$

Si on pose $P_j = P^t(BG)$ en rang j et $P_{ss}(r,d) = P_G^t(\mathcal{C}_{ss})$ en rang r et degré d , on a :

$$P_{ss}(3,d) = P_3 - \sum_{3\lambda > d} t^{2(3\lambda-d+2(g-1))} P_{ss}(2,d-\lambda)P_1$$

$$- \sum_{3\lambda > 2d} t^{2(3\lambda-2d+2(g-1))} P_{ss}(2,\lambda)P_1$$

$$- \sum_{\substack{\lambda>\mu \\ \mu> d-\lambda-\mu}} t^{2(4\lambda+2\mu-2d+3(g-1))} P_1^3$$

Notons $\Sigma_1(d)$, $\Sigma_2(d)$, $\Sigma_3(d)$ ces trois sommes. On a alors :

$$\Sigma_1(2d) = \Sigma_2(d) \quad .$$

$$\Sigma_1(0) = \frac{P_1}{1-t^{12}} t^{4g} [t^8 P_{ss}(2,0) + t^2 P_{ss}(2,1)]$$

$$\Sigma_1(1) = \frac{P_1}{1-t^{12}} t^{4g} [P_{ss}(2,0) + t^6 P_{ss}(2,1)]$$

$$\Sigma_1(2) = t^{-4}\Sigma_1(0) \quad .$$

Pour calculer Σ_3, on pose $\alpha = 2\lambda + \mu$. On a alors $2\alpha - d > 3\lambda > \alpha$ d'où $\alpha \geqq d + 2$ et :

$$\Sigma_3(0) = t^{6(g-1)} P_1^3 [\sum_{k\geqq 0} (k+1)t^{4(3k+2)} + k\, t^{4(3k+3)} + (k+1)t^{4(3k+4)}]$$

$$= t^{6g+2} P_1^3 \frac{1+t^{12}}{(1-t^{12})(1-t^8)} \quad .$$

$$\Sigma_3(1) = t^{6g-10} P_1^3 [\sum_{k\geqq 0} k\, t^{4(3k+3)} + (k+1)t^{4(3k+4)} + (k+1)\, t^{4(3k+5)}]$$

$$= t^{6g+6} P_1^3 \frac{1}{(1-t^{12})(1-t^4)} \quad .$$

On trouve :

$$P_{ss}(3,0) = P_3 - 2t^{4g+2} \frac{P_1\ P_2}{1-t^6} + t^{6g+6} \frac{P_1^3}{(1-t^4)^2} \quad .$$

$$P_{ss}(3,1) = P_{ss}(3,2)$$

$$= P_3 - t^{4g-2} \frac{P_1\ P_2(1+t^2)}{1-t^6} + t^{6g-2} \frac{P_1^3}{(1-t^4)^2} \quad .$$

avec $P_n = \dfrac{\prod_{k=1}^{n}(1+t^{2k-1})^{2g}}{(1-t^{2n})\prod_{k=1}^{n-1}(1-t^{2k})^2}$.

4.- COHOMOLOGIE DE L'ESPACE N(r,d) LORSQUE (r,d) = 1 .

Lorsque le rang et le degré sont premiers entre eux, les fibrés semi-stables sont stables, c'est à dire $\mathcal{C}_s = \mathcal{C}_{ss}$. Le paragraphe précédent fournit donc $H_G(\mathcal{C}_s)$. De plus, si $\bar{G}$ est le quotient de G par les homothéties, $\mathcal{C}_s$ est un $\bar{G}$-espace (cf. exposé 1, Prop. 1.5) donc, par 1.1.2 i), on a :

$$H_{\bar{G}}(\mathcal{C}_s) \simeq H(N(r,d)) .$$

Il reste donc à relier la cohomologie des espaces $(\mathcal{C}_s)_G$ et $(\mathcal{C}_s)_{\bar{G}}$. Il existe une fibration localement triviale :

$$(5) \qquad B\mathbb{C}^* \xrightarrow{i} (\mathcal{C}_s)_G = EG \times_G \mathcal{C}_s \xrightarrow{p} \mathcal{C}_s/\bar{G}$$

où p est la deuxième projection.

Pour montrer que la suite spectrale associée dégénère, on a besoin du lemme suivant :

LEMME 5.1.- *Lorsque* (r,d) = 1 , *la flèche* $i^* : H_G(\mathcal{C}_s,\mathbb{Z}) \longrightarrow H(B\mathbb{C}^*,\mathbb{Z})$ *est surjective.*

■ On a vu en 1.2.4 que $H(B\mathbb{C}^*,\mathbb{Z})$ est engendré par $e_{\mathbb{C}^*}(V)$ où V est le $\mathbb{C}^*$-fibré en droite au-dessus d'un point correspondant à la représentation canonique de $\mathbb{C}^*$.

Il suffit donc de construire sur $\mathcal{C}_s$ un G-fibré L de rang 1 tel que sa restriction à un point fixé de $\mathcal{C}_s$ soit isomorphe au $\mathbb{C}^*$-fibré V , c'est-à-dire tel que $\mathbb{C}^*$ agisse par multiplication dans la fibre correspondante de L .

Soit x un point de M , [E,u] un point de $\mathcal{C}$. On note $E(n) = E \otimes \mathcal{O}_M(nx)$.

Si on désigne par $\mu(F)$ la pente d'un fibré F sur M , i.e le quotient de son degré par son rang, on a par Riemann-Roch :

$$\mu(E(n)) - \mu(\Omega^1_M) = \frac{d}{r} + n - (2g-2) .$$

Il s'ensuit que si $[E,u] \in \mathcal{C}_{ss}$ et si $n > (2g-2) - \frac{d}{r} = N$ rationnel ne dépendant que de d, r, g on a (cf. exposé 2) :

$$\mathrm{Hom}(E(n), \Omega^1_M) = 0 .$$

Cet espace est, par dualité de Serre, le dual de $H^1(M,E(n))$ donc, par Riemann-Roch :

$$\forall n > N \quad \forall [E,u] \in \mathcal{C}_{ss} \qquad h^\circ(E(n)) = d + nr - r(1-g)$$

$$(6) \qquad h^\circ(E(n+1)) = d + nr + r - r(1-g) .$$

Si de plus r et d sont premiers entre eux, alors il en est de même de $h^\circ(E(n))$ et $h^\circ(E(n+1))$. Donc, si on fixe un entier $n > N$, on a :

$$\exists (\alpha,\beta) \in \mathbb{Z}^2 \qquad \alpha h^\circ(E(n)) + \beta h^\circ(E(n+1)) = 1 .$$

Soit $\mathbb{U}$ le fibré universel sur $\mathcal{C}_s \times M$ (c'est-à-dire tel que $\mathbb{U}_{|\{[E,u]\} \times M} \simeq E$).

Grâce aux formules (6) on peut appliquer le théorème de Grauert au fibré $\mathbb{U}(n) = \mathbb{U} \boxtimes pr_2^* \mathcal{O}_M(nx)$ et au morphisme $pr_1 : \mathcal{C}_s \times M \longrightarrow \mathcal{C}_s$. Il en résulte que $V_n = (pr_1)_* (\mathbb{U}(n))$ est un fibré vectoriel sur $\mathcal{C}_s$ pour $n > N$, de rang $d + nr - r(1-g)$.

Avec la convention $V^{\boxtimes(-1)} = $ dual de V , on définit un fibré en droites L sur $\mathcal{C}_s$ par :

$$L = (\det V_n)^{\boxtimes \alpha} \boxtimes (\det V_{n+1})^{\boxtimes \beta} \quad .$$

Le fibré L est canoniquement un G-fibré et, au-dessus d'un point quelconque $[E,u]$ de $\mathcal{C}_s$, $\mathbb{C}^*$ agit sur la fibre correspondante de L par multiplication par :

$$\lambda^{\alpha \, rg \, V_n} \cdot \lambda^{\beta \, rg \, V_{n+1}} = \lambda \qquad \blacksquare$$

On énonce maintenant un critère classique de dégénérescence de suite spectrale, qu'on a déjà utilisé lors de la preuve de 3.6.

<u>LEMME 4.2</u>.- *Soit* $F \xrightarrow{i} E \xrightarrow{p} B$ *une fibration localement triviale. On suppose que :*

- B est connexe par arcs.

- $H(F,\mathbb{Z})$ est libre de type fini en chaque degré.

- $i^* : H(E,\mathbb{Z}) \longrightarrow H(F,\mathbb{Z})$, est surjective.

Alors :

      - p^* est injective.

      - Si $H(E,\mathbb{Z})$ ou $H(B,\mathbb{Z})$ est libre de type fini en chaque degré, on a de plus :

$$H(E,\mathbb{Z}) \simeq H(B,\mathbb{Z}) \boxtimes (H(F,\mathbb{Z})) \quad .$$

$\blacksquare$ On considère la suite spectrale de Leray :

$$E_2^{p,q} = H^p(B, R^q p_* \mathbb{Z}) \implies H^{p+q}(E,\mathbb{Z}) \quad .$$

On rappelle (cf. [Ser]) que :

i) Si $b \in B$, le faisceau $R^q p_* \mathbb{Z}$ est le faisceau localement constant associé à la représentation :

$$\rho : \pi_1(B,b) \longrightarrow \text{Aut } H^q(F_b, \mathbb{Z})$$

ii) Si $i_b : F_b \hookrightarrow E$ alors i_b^* est la flèche :

$$H^q(E,\mathbb{Z}) \twoheadrightarrow E_\infty^{o,q} = E_{q+2}^{o,q} \hookrightarrow E_{q+1}^{o,q} \hookrightarrow \dots \hookrightarrow E_2^{o,q}$$

$$= H^\circ(B,R^q p_*\mathbb{Z}) \simeq H^q(F_b,\mathbb{Z})^{\pi_1(B,b)} \hookrightarrow H^q(F_b,\mathbb{Z}) \quad .$$

iii) La flèche p^* est :

$$H^p(B,\mathbb{Z}) = E_2^{p,o} \twoheadrightarrow E_3^{p,o} \twoheadrightarrow \dots \twoheadrightarrow E_{p+1}^{p,o} = E_\infty^{p,o} \hookrightarrow H^p(E,\mathbb{Z})$$

On en déduit que, si i^* est surjective :

a) $H^q(F_b,\mathbb{Z})^{\pi_1(B,b)} = H^q(F_b,\mathbb{Z})$ donc la représentation ρ est triviale et le faisceau $R^q p_*\mathbb{Z}$ est le faisceau constant $H^q(F,\mathbb{Z})$.

b) $E_{r+1}^{o,q} = E_r^{o,q}$ si $r \geqq 2$, c'est à dire que $d_r(E_r^{o,q}) = 0$ si $r \geqq 2$.

D'autre part, on a toujours $d_r(E_r^{p,o}) \subseteq E_r^{p+r,-r+1} = 0$ si $r \geqq 2$.

Maintenant, comme $H^q(F,\mathbb{Z})$ est libre de type fini, a) et la formule des coefficients universels donnent :

$$E_2^{p,q} \simeq H^p(B,\mathbb{Z}) \otimes H^q(F,\mathbb{Z}) \quad ,$$

c'est-à-dire que E_2 est engendré, comme algèbre, par les $E_2^{p,o}$ et $E_2^{o,q}$. Comme le morphisme d'algèbres d_2 est nul sur ces espaces, on en déduit que d_2 est nul donc $E_3 = E_2$. On montre de même par récurrence que $E_2 = E_r$ si $r \geqq 2$, donc que $E_2 = E_\infty$.

En particulier, iii) dit qu'alors p^* est injective.

Donc, si de plus $H(E,\mathbb{Z})$ est libre de type fini en chaque degré, il en est de même pour $H(B,\mathbb{Z})$. On a alors :

$$H^n(E,\mathbb{Z}) = J^{o,n} \supset J^{1,n-1} \supset \dots \supset J^{n,o} \supset 0 \quad ,$$

avec $J^{p,q}/J^{p+1,q-1} \simeq E_\infty^{p,q} = E_2^{p,q}$ libre de type fini.

Ceci prouve que :

$$H^n(E,\mathbb{Z}) \simeq \bigoplus_{p+q=n} J^{p,q}/J^{p+1,q-1} \simeq \bigoplus_{p+q=n} H^p(B,\mathbb{Z}) \otimes H^q(F,\mathbb{Z}) \qquad \blacksquare$$

On peut appliquer ces deux lemmes à la fibration (5). On obtient :

<u>THEOREME 4.3.</u>- (Atiyah-Bott). *Si* r *et* d *sont premiers entre eux, la cohomologie de* N(r,d) *est sans torsion et sa série de Poincaré est donnée par :*

$$P^t(N(r,d)) = (1-t^2)\, P_G^t(\mathcal{C}_{ss}(r,d)) \, .$$

<u>Exemple 4.4</u> : On reprend les calculs du paragraphe 4, qui donnent :

1) Rang 1 :

$$P^t(N(1,d)) = (1+t)^{2g} \text{ . En fait } N(1,d) = \mathrm{Jac}_d M \simeq (S^1)^{2g} \quad .$$

2) Rang 2 :

$$P^t(N(2,1)) = (1+t)^{2g} \frac{(1+t^3)^{2g} - t^{2g}(1+t)^{2g}}{(1-t^2)\ (1-t^4)} \quad .$$

La variété $N(2,1)$ est compacte de dimension complexe $2^2(g-1)+1 = 4g-3$ donc la dualité de Poincaré impose :

$$P^t(N(2,1)) = t^{8g-6}\, P^{1/t}(N(2,1)) \quad .$$

3) Rang 3 :

$$P^t(N(3,1)) = P^t(N(3,2)) =$$

$$(1+t)^{2g}\left[\frac{(1+t^3)^{2g}(1+t^5)^{2g}}{(1-t^2)(1-t^4)^2(1-t^6)} - \frac{t^{4g-2}(1+t)^{2g}(1+t^3)^{2g}}{(1-t^2)^3\ (1-t^6)} + \frac{t^{6g-2}(1+t)^{4g}}{(1-t^2)^2(1-t^4)^2}\right] .$$

Les variétés $N(3,1)$ et $N(3,2)$ sont deux variétés complexes compactes isomorphes de dimension $9g-8$. La série entière P^t ci-dessus vérifie bien la dualité de Poincaré :

$$P^t = t^{2(9g-8)}\, P^{1/t}$$

(P^t est en particulier un polynôme de degré $2(9g-8)$).

<u>Remarque 4.4</u> : Les méthodes exposées ici permettent de montrer que

$$\pi_1(N(r,d)) \simeq H^1(M,\mathbb{Z}) \quad .$$

En effet, la codimension complexe d_P de chaque strate non semi-stable $\mathcal{C}_P$ dans $\mathcal{C}$, donnée en 3.2, vérifie :

$$d_P \geq rr_1\left(\frac{d_1}{r_1} - \frac{d}{r} + g - 1\right) \geq 1 + r(g-1) \geq 2 \quad \text{si} \quad g \geq 2 \quad .$$

On en déduit donc :

$$\pi_1((\mathcal{C}_{ss})_G) \simeq \pi_1(\mathcal{C}_G) \simeq \pi_1(BG) \quad .$$

D'autre part :

$$\pi_1(BG) \simeq H^1(M,\mathbb{Z}) \quad \text{(cf. exposé 3).}$$

$$\pi_1((\mathcal{C}_{ss})_G) \simeq \pi_1((\mathcal{C}_{ss})_{\bar{G}}) \quad \text{(fibration (5))}$$

$$\simeq \pi_1(N(r,d)) \quad .$$

BIBLIOGRAPHIE

[A-B] ATIYAH-BOTT.- *The Yang-Mills equations over Riemann Surfaces*. Phil. Trans. Roy. Soc. London A 308 (1982), p. 523-615.

[Bor] A. BOREL.- *Topics in the homology theory of fiber bundles*. Lecture Notes 36 (1967).

[Bou] BOURBAKI.- *Variétés différentiables et analytiques*. Fascicule de résultats. Eléments de Mathématiques XXXIII, Hermann 1967.

[Lan] S. LANG.- *Introduction to differentiable manifolds*. J. Wiley & Sons. 1962.

[Ser] J.P.SERRE.- *Homologie singulière des espaces fibrés. Applications*. Ann. of Math. 54 (1951)., 425-505.

[Ses] C.S.SESHADRI.- *Fibrés vectoriels sur les courbes algébriques*. Astérisque 96 (1982).

AUTEURS

Joseph LE POTIER
Université Paris 7
U.E.R. de Mathématiques
2, Place Jussieu
75 251 PARIS CEDEX 05

Joseph OESTERLE
E.N.S.
Centre de Mathématiques
45, rue d'Ulm
75 230 PARIS CEDEX 05

Jean-Marc DREZET
Université Paris 7
U.E.R. de Mathématiques
2, Place Jussieu
75 251 PARIS CEDEX 05

Alain BRUGUIERES
E.N.S.
Centre de Mathématiques
45, rue d'Ulm
75 230 PARIS CEDEX 05

Olivier DEBARRE
Ecole Polytechnique
Centre de Mathématiques
91 128 PALAISEAU CEDEX

Progress in Mathematics
Edited by J. Coates and S. Helgason

Progress in Physics
Edited by A. Jaffe and D. Ruelle

- A collection of research-oriented monographs, reports, notes arising from lectures or seminars,
- Quickly published concurrent with research,
- Easily accessible through international distribution facilities,
- Reasonably priced,
- Reporting research developments combining original results with an expository treatment of the particular subject area,
- A contribution to the international scientific community: for colleagues and for graduate students who are seeking current information and directions in their graduate and post-graduate work.

Manuscripts

Manuscripts should be no less than 100 and preferably no more than 500 pages in length.

They are reproduced by a photographic process and therefore must be typed with extreme care. Symbols not on the typewriter should be inserted by hand in indelible black ink. Corrections to the typescript should be made by pasting in the new text or painting out errors with white correction fluid.

The typescript is reduced slightly (75%) in size during reproduction; best results will not be obtained unless the text on any one page is kept within the overall limit of 6 × 9½ in (16 × 24 cm). On request, the publisher will supply special paper with the typing area outlined.

Manuscripts should be sent to the editors or directly to:
Birkhäuser Boston, Inc., P.O. Box 2007,
Cambridge, MA 02139 (USA)

Progress in Mathematics

Recently published

PM 41
Combinatorics and Commutative Algebra
Richard P. Stanley
ISBN 0-8176-3112-7
ISBN 3-7643-3112-7
102 pages, hardcover

PM 42
Théorèmes de Bertini et Applications
Jean-Pierre Jouanolou
ISBN 0-8176-3164-X
ISBN 3-7643-3164-X
140 pages, hardcover

PM 43
Tata Lectures on Theta II
David Mumford
ISBN 0-8176-3110-0
ISBN 3-7643-3110-0
293 pages, hardcover

PM 44
Infinite Dimensional Lie Algebras
Victor G. Kac
ISBN 0-8176-3118-6
ISBN 3-7643-3118-6
268 pages, hardcover

PM 45
Large Deviations and the Malliavin Calculus
Jean-Michel Bismut
ISBN 0-8176-3220-4
ISBN 3-7643-3220-4
230 pages, hardcover

PM 46
Automorphic Forms of Several Variables
Taniguchi Symposium, Katata, 1983
Ichiro Satake and Yasuo Morita, editors
ISBN 0-8176-3172-0
ISBN 3-7643-3172-0
399 pages, hardcover

PM 47
Les Conjectures de Stark sur les Fonctions L d'Artin en s = 0
John Tate
ISBN 0-8176-3188-7
ISBN 3-7643-3188-7
153 pages, hardcover

PM 48
Classgroups and Hermitian Modules
A. Fröhlich
ISBN 0-8176-3182-8
ISBN 3-7643-3182-8
250 pages, hardcover

PM 49
Hyperfunctions and Harmonic Analysis on Symmetric Spaces
Henrik Schlichtkrull
ISBN 0-8176-3215-8
ISBN 3-7643-3215-8
205 pages, hardcover

PM 50
Intersection Cohomology
A. Borel et al.
ISBN 0-8176-3274-3
ISBN 3-7643-3274-3
248 pages, hardcover

PM 51
Séminaire de Théorie des Nombres,
Paris 1982–83
Marie-José Bertin, Catherine Goldstein, editors
ISBN 0-8176-3261-1
ISBN 3-7643-3261-1
320 pages, hardcover

PM 52
Déformations Infinitésimales des Structures Conformes Plates
Jacques Gasqui, Hubert Goldschmidt
ISBN 0-8176-3260-3
ISBN 3-7643-3260-3
232 pages, hardcover

PM 53
Théorie de la Deuxième Microlocalisation dans le Domaine Complexe
Yves Laurent
ISBN 0-8176-3287-5
ISBN 3-7643-3287-5
328 pages, hardcover